A MESSIEURS

MEMBRES DE LA CHAMBRE CIVILE

DE LA COUR DE CASSATION.

MESSIEURS,

Le 26 septembre 1847, je vous ai adressé une plainte en forfaiture et en vol de pièces contre la cour de Rennes et les tribunaux de Pontivy et de Loudéac, laquelle plainte n'était qu'une suite de celles adressées précédemment par moi à la chambre criminelle et à la cour des pairs.

Un avocat m'ayant été désigné pour signer cette plainte, le greffier a demandé qu'elle fût copiée sur timbre, avant de la recevoir, signée de cet avocat.

Cette copie sur timbre étant impossible, parce qu'il faudrait copier en même temps mes précédentes plaintes, dont la dernière n'est qu'une addition; et les forfaitures de la cour de Rennes contre moi se renouvelant tous les jours avec une nouvelle audace, et augmentation de perversité, je suis forcé de m'adresser encore à vous pour obtenir qu'il y soit mis un terme; et, pour lever toutes difficultés relativement au timbre, j'ai envoyé une plainte sur timbre à M. le procureur général, sous la date du 19 mai dernier, de sorte que l'écrit du 26 septembre 1847 précité, n'est plus, comme le présent et mes autres écrits précédents, qu'un mémoire à l'appui de ma plainte sur timbre.

Dans cette position nouvelle, aucune difficulté n'est plus possible pour le timbre, d'après l'article 16 de la loi du 13 brumaire an 7, et la pratique constante de tous les tribunaux de France, où le timbre n'est jamais exigé des citoyens qui forment des dénonciations ou des plaintes, surtout un grand criminel.

Je n'ai pas besoin de me constituer partie civile pour vous saisir de mes plaintes, attendu que l'article 486 du code d'ins-

1

truction criminelle ne l'exige pas, lorsque, comme dans l'espèce, la dénonciation est incidente à une affaire pendante à la cour de cassation. L'article 494 du même code vous autorise même à ordonner des poursuites, sans aucune dénonciation des parties, lorsque vous apercevez des traces d'un crime en examinant une affaire. Cependant je l'ai fait dès le principe, et je n'entends pas me désister de cette qualité.

Je n'entreprendrai point ici de vous signaler toutes les nouvelles forfaitures de la cour de Rennes; cela me demanderait trop de temps, et je le ferai dans le cours de l'instruction! Je me bornerai seulement à vous exposer des faits récents, qui ont une gravité énorme, et qui manifestent la scélératesse la plus complète chez ceux à qui je les impute.

1º J'ai aujourd'hui une lettre du premier avocat général de Rennes, qui avoue que les pièces communiquées par moi à l'avocat général Foucher, le 7 mai 1835, n'existent plus au greffe de la cour, et qu'elles avaient été remises au sieur Aché malgré le jugement, aujourd'hui confirmé par la cour d'Angers, qui m'autorisait à en exiger le dépôt au greffe du tribunal de Rennes!

2º M. Plougoulm, alors procureur général, m'a fait arrêter à Rennes, en 1845, pour une amende de cassation qui n'entrainait pas la contrainte par corps, et en vertu d'un arrêt de la cour royale qui n'existait pas!

3º Le procureur impérial à Loudéac m'a fait arrêter à Rennes, le 15 novembre 1850, après avoir fait scandaleusement visiter ma maison et celle de mon fils par des gendarmes, et cela pour des amendes prescrites, et anéanties par le décret du gouvernement provisoire du 29 février 1848!!!

Il est impossible qu'un tel attentat ait été commis de bonne foi. Un magistrat ne peut ignorer la loi, une loi claire comme le décret ci-dessus, et l'article 636 du code d'instruction criminelle; et, si le fait de prononcer la contrainte par corps hors les cas déterminés par la loi est présumé frauduleux par les articles 2063 du code civil et 515 du code de procédure, à combien plus forte raison le fait de faire arrêter un citoyen en vertu d'un jugement éteint par amnistie, et pour des amendes prescrites, ne peut-il échapper à une peine!

Les circonstances de ce dernier attentat ayant une gravité toute spéciale, je crois devoir les exposer ici en peu de mots :

Arrêté dans ma chambre à Rennes, sans que les agents fussent assistés d'un juge de paix, le président du tribunal de première instance ordonna ma mise en liberté en référé; mais, malgré son ordonnance, qui devait être exécutée sur le champ, ils me retinrent ensuite plus de deux heures en chartre-privée dans le bureau de police, pendant qu'ils couraient çà et là dans la ville pour trouver moyen de me lâcher un instant, en faisant semblant d'exécuter l'ordonnance, et de m'arrêter de nouveau immédiatement.

Après quelques réclamations verbales, je crus devoir adresser, le 18 décembre 1850, la réclamation suivante au procureur général de Rennes :

« Informé que l'administration de l'enregistrement s'obstine
» à vouloir exercer la contrainte par corps contre moi, pour des
» amendes et des frais auxquels j'ai été condamné pour dénon-
» ciation calomnieuse envers le tribunal de Loudéac, et trois
» individus signalés par moi comme complices des forfaitures
» que j'imputais à ce tribunal, je suis forcé de m'adresser à vous
» pour que vous me fassiez jouir des bénéfices du décret du 29
» février 1848, qui annule toutes les condamnations prononcées
» pour faits de presse et faits politiques sous le dernier règne,
» décret dont l'autorité légale a été reconnue par deux arrêts de
» la cour de cassation, rapportés par Dalloz, 1848, 1re partie,
» page 102, et 1849, 1re partie, page 125.

» S'il s'agissait de savoir si le fait pour lequel j'ai été con-
» damné est un fait de presse ou un fait politique, devant être
» soumis au jury, d'après la loi du 8 octobre 1830, je sais qu'il
» y aurait beaucoup de choses à dire contre cette thèse ; et la
» preuve sans réplique qu'il est difficile, dans bien des cas, de
» distinguer les délits politiques des délits ordinaires, vous la
» trouverez dans la discussion engagée entre MM. Isambert et
» Vivien, au sujet de l'article 5 de la Constitution de 1848, qui
» abolit la peine de mort en matière politique. (Voir Dalloz,
» 1848, 4me partie, page 217.)

» Mais telle n'est pas la question qui se présente.

» Il ne s'agit pas, en effet, d'interpréter la loi du 8 octobre
» 1830, mais de rechercher quelle a été la volonté du gouverne-
» ment provisoire, le 29 février 1848, car vous savez comme
» moi que les mots n'ont pas toujours le même sens, non-seule-
» ment dans les lois, mais encore dans le langage ordinaire, et
» qu'il faut, pour interpréter les lois, aussi bien que les contrats,
» rechercher l'intention du législateur plutôt que de s'arrêter au
» sens littéral des termes.

» Or, un seul fait va vous prouver que le gouvernement pro-
» visoire a entendu que son amnistie s'appliquât au fait pour
» lequel j'ai été condamné, c'est qu'il a fait mettre en liberté à
» cette époque un sieur Warens, qui venait d'être condamné
» pour dénonciation calomnieuse envers des fonctionnaires de
» l'Algérie, et, ce qui est très remarquable, qui avait demandé
» vainement à être jugé par le jury, d'après la loi du 8 octo-
» bre 1830 !

» Dans le cas même où ce sieur Warens aurait été mis en
» liberté par le peuple, avant le 29 février, mon argument serait
» le même, car il est de fait qu'il n'a pas été réintégré dans sa
» prison, comme M. Teste, qui s'était sauvé de la conciergerie, le
» 24 février 1848 ; rapprochement très remarquable encore !

» Mais, dans le cas même où je n'aurais pas ce fait décisif à

» invoquer, tout démontrerait encore que l'intention du gouverne-
» ment provisoire était d'amnistier tous les citoyens condamnés
» comme moi pour plaintes ou révélations de corruption, de con-
» cussion ou de forfaiture envers les agents du pouvoir renversé.

» Ce gouvernement, en effet, expression vivante de l'idée du
» peuple armé pour détruire un pouvoir corrompu et corrupteur,
» était entièrement composé des hommes qui, dans la presse ou
» à la tribune, avaient le plus énergiquement manifesté et flétri
» cette corruption. Ils devaient naturellement approuver, et
» même exalter, tout ce qui avait été fait dans le même sens
» sous le dernier règne, et, par une conséquence nécessaire,
» annuler tous les jugements rendus pour ces faits, et récom-
» penser même les citoyens condamnés par ces jugements, parce
» qu'ils considéraient comme méritoires les actes qui avaient été
» précédemment condamnés comme des délits.

» C'est ainsi qu'il a nommé M. Achille Marrast procureur
» général dans un ressort où il avait été condamné récemment,
» comme moi, pour révélation de faits portant atteinte à l'hon-
» neur d'un tribunal de première instance, et, de plus que moi,
» rayé du tableau des avocats par suite de cette condamnation.

» C'est ainsi qu'il m'a nommé moi-même son commissaire
» près le tribunal de Loudéac, sans que je le demandasse, et
» quoique je n'eusse pas accepté ces fonctions !

» A la vérité, il a presque immédiatement rapporté cette no-
» mination ; mais ce n'était pas à cause de ma condamnation.
» C'était uniquement parce que M. Glais-Bizoin, député de
» Loudéac, lui avait dit que *je mettrais tout à feu et à sang*
» *dans le pays* (ce sont ses propres expressions), afin d'éviter à
» ses clients politiques l'humiliation de me voir exalté par le
» pouvoir nouveau. Je crois qu'aux élections de 1849 plusieurs
» de mes adversaires avaient voté contre M. Bizoin pour M. Plou-
» goulm ; mais plusieurs autres lui étaient restés fidèles, et tous,
» sans exception, votaient pour lui antérieurement !

» On ne peut dire que le gouvernement provisoire ignorait
» ma condamnation quand il m'a ainsi nommé, car M. Ledru-
» Rollin, le seul de ses membres que je connusse, et à qui
» j'attribue cette nomination, avait été mon avocat à la cour de
» cassation dans cette affaire elle-même ; ce que je puis prouver
» par sa correspondance.

» Il est donc certain que ma nomination à cette place par les
» auteurs du décret du 29 février 1848, et à une époque voisine
» de la date de ce décret, serait elle seule une preuve complète
» qu'ils entendaient annuler les condamnations prononcées con-
» tre moi, car aucun gouvernement ne peut accorder sa confiance
» à un homme dont il condamne les actes, encore moins nom-
» mer magistrat un débiteur d'amendes considérables, *qui*
» *serait obligé de se faire emprisonner soi-même, pour ces*
» *amendes, s'il en était requis par l'administration !!!*

» Mais l'administration l'a pensé elle-même pendant long-
» temps ; et la preuve c'est qu'elle ne m'a demandé ces amendes
» que le 7 septembre dernier, bien qu'un arrêté du pouvoir
» exécutif du 19 mai 1848 lui donnât le droit de me faire empri-
» sonner dès cette époque, si je n'avais pas été amnistié précé-
» demment.

» Il est présumable qu'elle croit aujourd'hui les circonstances
» changées, et peut-être même le décret du 29 février rapporté
» tacitement par suite de ces circonstances ; mais c'est une
» erreur énorme, en ce que les lois d'amnistie ne peuvent pas
» plus être rapportées que les grâces individuelles accordées
» par le gouvernement, quels que soient les évènements posté-
» rieurs à ces actes !

» Si, au lieu de dénoncer le tribunal de Loudéac et ses com-
» plices aux autorités compétentes, pour obtenir justice, je les
» avais diffamés dans des écrits, je serais beaucoup plus cou-
» pable ; et cependant, dans ce dernier cas, je serais amnistié
» sans aucune difficulté possible ! Comment admettre donc
» qu'un gouvernement puisse vouloir un résultat aussi mons-
» trueux ? ce serait le renversement de toutes les notions du
» juste et de l'injuste, et cela dans les lois les plus sacrées !!!

» Si vous m'objectiez qu'il existe deux condamnations contre
» moi, dont une sur la plainte de simples particuliers, je vous
» répondrais : (Suit une analyse de faits et procédures pour
prouver que je n'ai fait qu'une dénonciation contre les juges
prévaricateurs et leurs complices).....

» Je suis donc amnistié pour le tout ; mais, quand bien même
» il en serait autrement, j'aurais le plus grand intérêt à récla-
» mer l'amnistie partielle, la seconde amende n'étant que de
» 300 francs.

» Une dernière preuve que je me trouve dans le cas prévu
» par le décret pour les deux condamnations, c'est qu'il est à
» peu près impossible qu'un fonctionnaire public, accusé de for-
» faiture, n'ait pas quelque complice non fonctionnaire, qui doit
» profiter de cette forfaiture, ou qui l'a provoquée par haine ;
» cette circonstance ne peut donc changer la nature du fait
» principal, qui est *l'accusation du fonctionnaire public comme*
» *fonctionnaire public.*

» Je ne terminerai pas cette lettre, monsieur le procureur
» général, sans vous rappeler ma position personnelle, que vous
» connaissez mieux que personne.

» Victime du dol de plusieurs hommes dans lesquels je devais
» avoir confiance, j'ai vu, à 35 ans, mon avenir brisé et ma
» modique fortune dévorée par suite des calomnies de ces hom-
» mes, qui étaient bien coupables envers moi, et qui ont été
» condamnés comme tels par la cour de Rennes le 29 août 1837.

» Cet arrêt ayant redoublé leur fureur contre moi, leurs
» parents et leurs amis, qui se trouvent dans le tribunal de

» Loudéac, ont osé, pour m'empêcher d'exécuter cet arrêt,
» édifier contre moi une procédure mensongère, pour un délit
» imaginaire.

» J'ai déjoué leur trame complètement devant le tribunal
» d'appel; mais, indigné de leur audace, j'ai cru rendre service
» à la société en demandant réparation du préjudice à moi causé
» par leurs forfaitures. Bien que je n'eusse dit que la vérité, j'ai
» succombé; et je reconnais que je ne pourrais aujourd'hui plai-
» der contre la chose jugée en police correctionnelle contre moi,
» sans commencer par demander de nouvelles poursuites contre
» mes adversaires.

» Mais je puis demander la remise des amendes, en argumen-
» tant de l'injustice des jugements, parce que le droit de grâce,
» admis chez tous les peuples, a pour cause principale la répa-
» ration des erreurs judiciaires, dont la possibilité n'est pas
» révoquée en doute.

» Examinez donc mes écrits, Monsieur le procureur général,
» examinez-les mûrement, et décidez s'il est possible qu'un père
» de six enfants, victime d'aussi grands attentats que moi,
» puisse être détenu cinq ans, parce qu'il n'est pas en état de
» payer des amendes qui n'auraient pas dû être prononcées
» contre lui, alors surtout qu'il est absolument nécessaire qu'il
» travaille pour sauver les derniers débris de la fortune de ses
» enfants..... »

Quelque temps après avoir écrit cette lettre, j'en envoyai une
copie à M. le garde des sceaux, avec quelques observations nouvelles ayant surtout pour objet de lui démontrer que la prescription des amendes, qui était vraiment acquise longtemps
avant le 15 novembre, ne devait pas l'empêcher de statuer sur
ma réclamation, d'abord, à cause des frais, qui étaient assez considérables, en second lieu, parce qu'il m'importait beaucoup de
faire reconnaître que les jugements rendus contre moi étaient
anéantis par le gouvernement provisoire; et je joignis à mon
mémoire un exemplaire de ma plainte ci-jointe à la cour des
pairs, pour lui mieux expliquer l'affaire.

C'est ainsi en parfaite connaissance de cause que M. le garde
des sceaux a statué, et qu'il a reconnu l'anéantissement de ces
jugements.

La lettre du procureur général, qui m'annonce cette décision,
est du 13 mars 1851, et conçue en ces termes :

« J'avais consulté M. le garde des sceaux, les 20 décembre et
» 15 janvier derniers, sur le point de savoir si vous pouviez être
» fondé à invoquer le bénéfice de l'amnistie du 29 février 1848,
» dont il paraissait avoir été fait application dans des circons-
» tances à peu près semblables à celles où vous vous trouviez à
» un sieur Warens, condamné par le tribunal correctionnel de
» la Seine.

» Le 30 janvier, j'avais annoncé à M. le Ministre qu'il résul-

» tait d'une décision de M. le directeur des Domaines, conforme
» à mon opinion personnelle : 1º que la somme de 4,730 francs,
» montant en principal et décime des amendes prononcées par
» les arrêts rendus contre vous, ne pouvait plus être recouvrée
» aujourd'hui, la prescription vous étant acquise; 2º que le
» remboursement de la somme de 495 francs, montant en prin-
» cipal et décime de trois amendes prononcées pour rejets de
» pourvois en cassation, ne pouvait être poursuivi par la voie
» de la contrainte par corps; 3º que la somme de 173 francs
» 67 centimes, montant des frais, pouvait seul donner ouverture
» à ce mode d'exécution.

» M. le procureur général de Paris, à qui M. le Ministre avait
» demandé des renseignements sur la marche suivie à l'égard
» du sieur Warens, a répondu comme suit :

« Il ne m'a pas été possible, M. le garde des sceaux, de vous
» transmettre immédiatement ces renseignements. Les investi-
» gations que j'ai prescrites en exécution de vos ordres n'ayant
» fourni aucun résultat, aucune décision de la nature de celle
» que sollicite le sieur Durand Vaugaron n'a été prise à l'égard
» du sieur Warens. J'ai lieu de croire que le nom de Warens a
» été mal rendu, et que, suivant toute apparence, il s'agit dans
» cette situation du nommé Warnery.

» Le 24 août 1847, le sieur Warnery déposa entre les mains
» d'un de mes prédécesseurs, une dénonciation en concussion
» contre M. le général Moline de St-Yon et MM. Vauchelle,
» Ortier, de la Rue, etc., employés supérieurs du Ministère de
» la guerre. Une ordonnance de la chambre du conseil du 20
» octobre 1847 ayant déclaré qu'il n'y avait lieu à suivre, les
» fonctionnaires dénoncés portèrent plainte en dénonciation
» calomnieuse. Le 7 février 1848, Warnery fut condamné par la
» huitième chambre du tribunal de police correctionnelle à un
» an de prison et 100 francs d'amende.

» M. le procureur de la République près le tribunal de la
» Seine m'informe que cet individu a été mis en liberté comme
» détenu politique, lors de la révolution de février, et que, rela-
» tivement aux condamnations pécuniaires, il a joui, en effet,
» du bénéfice de l'amnistie du 29 février 1848. »

« M. le garde des sceaux a pensé que la décision prise à
» l'égard du sieur Warnery devait recevoir son application à
» votre profit, puisque vous aviez, aussi, été condamné pour
» dénonciation calomnieuse. Cette décision a paru d'ailleurs
» conforme à l'esprit du décret du 29 février 1848. »

Ainsi donc, il est aujourd'hui décidé, sans difficulté aucune :

1º Qu'il n'y avait pas de contrainte par corps pour les amendes de cassation prononcées contre moi avant 1845; et cependant M. Plougoulm m'a fait arrêter à Rennes pour ces amendes,
en juillet 1845; et les circonstances de cette arrestation, exposées sommairement dans ma plainte à la cour des pairs, page

29, manifestent avec la dernière évidence ce que cet attentat a de criminel!!!

2º Que les autres amendes étaient prescrites avant le 15 novembre 1850; et cependant le procureur de la République à Loudéac m'a fait arrêter ce jour là pour ces amendes, et m'a fait retenir en chartre-privée au bureau de police, malgré l'ordonnance de référé qui annulait cette arrestation, afin de parvenir par ruse à en paralyser l'exécution, en m'arrêtant en sortant de ce bureau; manœuvre indigne, suggérée par un des avocats généraux, que je nommerai en temps et lieu, mais réprimée par le procureur général! Il s'agissait de faire relever appel de l'ordonnance de référé par l'administration, pendant qu'on me gardait ainsi, et de me retenir en vertu de cet appel, *qui n'était pas suspensif!* L'avocat général dont je parle alla chercher lui-même l'huissier de service à la seconde chambre de la cour, et l'envoya pendant l'audience dire au directeur de l'enregistrement de relever de suite un appel; ce que ce dernier refusa de faire!!!

3º Que les condamnations prononcées contre moi étaient anéanties par le décret du 29 février 1848; et cependant on a fait fouiller ma maison et celle de mon fils, les 16 et 17 septembre 1850, par la gendarmerie de Loudéac et de Gonarce, assistés de deux juges de paix dignes de leurs maîtres, puisqu'ils étaient libres de refuser leur concours à l'attentat commis contre moi!

C'est parce qu'on n'espérait pas la même bassesse des juges de paix de Rennes qu'on s'est adressé aux gens de police, vendus à tous les régimes, et zélés exécuteurs de tous les ordres quels qu'ils soient!!! Je ne prétends pas du reste attaquer ces hommes, que je ne connais pas personnellement, mais le système d'administration qui, les dépouillant de tout libre arbitre, en fait nécessairement des valets, pour ne pas dire de vrais machines! Il en a été ainsi sous tous les régimes.

Je dus quitter mon domicile en septembre 1850, après le commandement, et me rendre à Rennes pour y demander justice; préjudice énorme pour moi, mais aussi nécessité, car, d'après ce que je prouve dans toutes mes plaintes, on sait déjà que je n'aurais pas trouvé de juges à Loudéac, même en référé, parce que j'avais raison, et que d'ailleurs *ne pas juger*, dans la circonstance, c'eût été me condamner en référé, et me priver même du droit d'appel à la cour d'une ordonnance qui eût déclaré mon arrestation légitime! C'est le système suivi pendant 15 ou 16 ans par les sieurs Peslouan, Taslé et consorts!!! On le voit, bien démontré, dans ma plainte du 20 avril 1843, pages 69 et suivantes.

Vous avez vu, Messieurs, dans cet écrit du 20 avril 1843, pages 148 et suivantes, ce qu'était le juge de paix de Loudéac en 1837, 1838 et 1839, et ce qu'il a osé contre moi, lors du décès de ma mère, dans l'intérêt de mes adversaires, les parents de mon épouse, défendus par son neveu l'avocat Gillardais, l'un des syndics de cette abominable faillite, imaginée en 1830 par le tribunal de Pontivy, pour m'empêcher d'obtenir justice!

Si je vous dis ici que le receveur de l'enregistrement à Loudéac est son gendre, je vous expliquerai peut-être une partie des faits qui précèdent; mais, ne voulant pas accuser légèrement, je me hâterai d'ajouter que la décision du directeur de son administration, mentionnée dans la lettre ci-dessus du procureur général, n'est pas une preuve sans réplique qu'il n'en ait pas pris une diamétralement contraire en septembre. La vérité à cet égard sera facilement découverte au surplus, si vous ordonnez les poursuites; et déjà elle commence à percer au moins pour moi, par suite de la communication de pièces qui m'a été faite dans le cabinet du président du tribunal de Rennes, le 15 novembre 1850!

Je n'en finirais pas, Messieurs, si je voulais vous exposer ici tous les attentats commis contre moi depuis 1845, non seulement par la cour de Rennes, mais encore par beaucoup d'autres juges, le juge de paix actuel de Loudéac, entre autres, créature et plat valet du tribunal notoirement! Je vous exposerai tout cela en temps et lieu, avec mes preuves; et vous verrez alors, ce que déjà vous pouvez entrevoir du reste, la vérité de ce passage d'un des plus grands écrivains de la France :

« ... On ne saurait se le dissimuler, une race d'hommes nou-
» velle a apparu de notre temps, race détestable et maudite à
» jamais par tout ce qui appartient à l'humanité; hommes de
» fange, les plus vils des hommes, après ceux qui les paient;
» hommes qui n'ont une raison que pour la prostituer aux inté-
» rêts dont ils dépendent, une conscience que pour la violer,
» une âme que pour la vendre; hommes au-dessous de tout ce
» qu'on en peut dire, et qui, après avoir fatigué l'indignation,
» fatiguent le mépris même. (Lamennais, de la Religion chrétienne considérée dans ses rapports avec l'ordre politique et civil, chapitre 4, avant-dernier al.) »

J'ai commencé à plaider en 1830 contre le beau-père de M. Hello, procureur général, et contre les clients et l'un des cousins de M. Gaillard, premier président, qui donnaient les places à Rennes et dans le ressort; contre les cousins de M. du Bodan, alors avocat général, et contre M. Dumay, conseiller, cousin du premier président, qui pouvaient recommander; contre le beau-frère de M. Peslouan et celui de M. Habasque, présidents à St-Brieuc et à Loudéac, qui nomment les syndics, les curateurs, etc., qui taxent les mémoires, présentent à quelques emplois, etc.; contre l'oncle de M. Massabiau, premier avocat général aujourd'hui, qui dirige quelquefois le parquet; contre le syndic Aché, dont le beau-frère est vice-président à Rennes, et le cousin germain conseiller à la cour; contre M. Duclésieux, receveur général, qui procure aussi des places dans le département, donne assez souvent des diners confortables aux fonction-

naires, et prête de l'argent à un intérêt assez raisonnable !
J'avais bien d'autres adversaires encore dans la même position,
à peu près.

Que de raisons pour que cette *race nouvelle*, qui est en majorité dans la cour de Rennes, eût *prostitué son intelligence, violé
sa conscience* et *vendu son âme...* pour défendre les intérêts de
tous ces hommes que je combattais par nécessité, parce qu'ils
attaquaient tout à-la-fois mon honneur et ma fortune !!!

Mais, depuis quelques années, ils avaient d'autres raisons
encore de me sacrifier sans miséricorde.

Irrités, en effet, par mes plaintes (que j'ai publiées presque
toutes, et que je leur ai envoyées à eux-mêmes), et n'osant pas
me poursuivre pour ces plaintes, de peur de se perdre eux-mêmes
par ces poursuites, ils ont en rugissant arrêté de garder le
silence, mais de juger mes affaires et de me sacrifier à mes ennemis, pour me mettre dans l'impossibilité de continuer mes poursuites contre eux !

Ils n'ont pas osé même incriminer une circulaire électorale
dont j'inondai la Bretagne, il y a cinq ans, et qui contenait ce
passage :

« Je vous promets aussi de provoquer la réforme des admi-
» nistrations, des tribunaux et de leurs accessoires, qui sont,
» dans leur organisation présente, le plus grand fléau de la
» patrie, et de demander qu'ils soient nommés par les citoyens.
» — Peuplés de mécréants presque partout, ils s'entendent en-
» tre eux pour exploiter les citoyens au profit de leurs coteries
» et de leurs alentours ; ils se protègent et se défendent entre
» eux, contre toute vérité et toute justice ; ils forment une so-
» ciété secrète dans la société politique, une petite nation dans
» la nation, nation de conquérants qui n'ont jamais rien conquis,
» qui se sont au contraire vendus eux-mêmes à tous les pou-
» voirs ; de sorte que nous, chrétiens, au dix-neuvième siècle,
» nous sommes vraiment opprimés par des infidèles, comme nos
» frères d'Irlande, de Constantinople et du Liban, sans avoir
» été, comme eux, vaincus par ces infidèles !!!... »

Peut-on révoquer en doute, en présence de cet écrit, la haine
profonde dont ils sont animés contre moi, et par suite la forfaiture qu'ils commettent chaque fois qu'ils me jugent ?

Voici un résumé très incomplet de leurs jugements depuis ma
dernière plainte :

1° En février 1827, j'assignai les syndics de la faillite H. Bourdonnay, l'un des individus condamnés depuis, pour dol commis
à mon préjudice, devant le tribunal de commerce de Vannes,
pour s'entendre condamner à rendre compte des sommes reçues
par ledit H. Bourdonnay, comme mandataire de mon beau-père
et de sa succession.

Ces syndics excipèrent de l'incompétence de ce tribunal ; mais
ils furent déboutés de cette exception.

Quelque temps après, j'assignai plusieurs autres personnes au même tribunal, les unes comme solidairement responsables de la gestion de cet H. Bourdonnay, les autres pour voir statuer par jugement commun sur ma demande.

Après un long délibéré, ce tribunal déclara, en mai 1848, qu'il était incompétent pour statuer en ce qui concernait ceux-ci, et il me renvoya devant le juge commissaire de la faillite d'H. Bourdonnay.

Au lieu d'appeler de ce jugement, je me présentai devant ce commissaire, *sous les réserves les plus expresses;* mais il me renvoya devant le tribunal, comme je le prévoyais d'avance!

Après plusieurs voyages inutiles à Vannes, parce qu'on trouvait toujours des prétextes pour prononcer un renvoi quand j'étais présent, un malentendu me fit manquer à une dernière audience, et on s'empressa d'y prendre congé défaut contre moi!

Ce jugement m'ayant été signifié, je m'empressai d'y former opposition, et j'eus la précaution d'insérer dans mon exploit que je reproduisais, ma demande primitive en reddition de compte, *subsidiairement.*

Dans cet état, on me débouta de mon opposition par un troisième jugement, comme s'il s'était agi d'un défaut prononcé contre un défendeur, *faute de moyens d'opposition*, et on ne s'occupa pas de ma demande nouvelle, bien formulée dans mon exploit d'opposition, à *fins subsidiaires!*

Ayant relevé appel de tous ces jugements, la cour a eu l'indignité de les confirmer par un arrêt du 18 février 1848, dont les motifs révèlent la mauvaise foi la plus révoltante!—Elle avait jugé contre moi, le 3 mai 1834, que j'étais justiciable du tribunal de commerce, par cela seul que le demandeur me prétendait obligé solidairement avec ce même H. Bourdonnay!!!

2o Une somme considérable étant consignée à Vannes, par suite de l'expropriation pour cause d'utilité publique d'une tannerie située à Pontivy, appartenant à mon beau-père, des arbitres avaient décidé qu'une partie de la somme consignée appartenait à la succession comme propriétaire du fonds, et que le reste appartenait à la société fermière de l'usine; mais leur sentence disait en outre que la succession prélèverait sur l'actif de la société une somme de 127,677 francs 88 centimes, dont elle était déclarée la créancière comme commanditaire, et pour solde d'un compte courant.

Je fis signifier cette sentence à la caisse des consignations, le 30 janvier 1846, avec assignation au tribunal de Vannes, pour la faire condamner à me compter cette somme.

Les associés étant intervenus dans cette instance, le tribunal de Vannes a jugé que les arbitres n'étaient pas compétents pour interpréter leur décision, et qu'en disant que la succession Bourdonnay ferait un prélèvement de 127,677 f. 88 c. sur les valeurs actives de cette société, *ils disaient qu'elle ne ferait pas ce prélèvement!*

Ceci n'est pas un jeu de mots, mais une réalité révoltante. C'est bien là le jugement; et il a été confirmé par la cour de Rennes, deuxième chambre, le 10 décembre 1847!!!

Pour bien comprendre l'indignité de cet arrêt, il faut se rappeler ce que je dis dans ma plainte du 20 avril 1843, pages 174 et suivantes.

3° Un jugement du tribunal de Vannes, en date du 20 août 1846, en statuant entre moi et les héritiers du grand-père de mon épouse, avait ordonné, avant de faire droit sur une question, la mise en cause d'un sieur Faverot, neveu du défunt; et j'avais relevé appel de ce jugement.

Demandant la mise en cause de ce sieur Faverot pour autres faits, je l'assignai devant la cour, non pas comme intimé, puisqu'il n'était pas partie au jugement appelé, mais en déclaration d'arrêt commun, pour qu'il ne pût former tierce opposition à l'arrêt.

Cette procédure est autorisée par la jurisprudence, et la cour de Rennes l'admet elle-même; mais, comme elle n'a pas de règles quand il s'agit de moi, elle a ordonné la mise hors de cause de ce sieur Faverot, par arrêt du 5 janvier 1848, premier ch., avant toute discussion de l'affaire au fond, sans dire un mot de la question et de la jurisprudence, et en faisant semblant de le croire un intimé ordinaire!

Pour bien comprendre l'indignité de cet arrêt, il faut se rappeler aussi ce que je dis de l'affaire du sieur Faverot, dans madite plainte du 20 avril 1843, pages 170 et 171.

La cour ne veut pas condamner Faverot à payer ce qu'il doit à mon beau-père. Elle ne peut vouloir ce qui amènerait nécessairement la preuve de sa dette!

4° Les adversaires demandaient à la cour, dans cette même affaire, l'apport des livres de mon beau-père; en y consentant, je demandais l'apport des leurs.

La cour, espérant trouver dans les premiers quelque chose contre mes prétentions, et craignant que les seconds ne prouvassent les mensonges de mes adversaires, ordonna l'apport de ceux-là, et refusa d'ordonner l'apport de ceux-ci, par les motifs les plus pitoyables. Son arrêt est du 5 janvier 1848, le même que ci-dessus.

5° On produisait contre moi dans cette affaire une quittance de mon beau-père, qu'on avait d'abord abandonnée en première instance, dont une lettre démontrait la simulation, et qui n'était autre chose qu'une donation sous seings-privés, non enregistrée, non exécutée, et dont un premier jugement, *non appelé*, avait jugé implicitement la simulation, la fraude et la nullité, mais que plus tard les premiers juges avaient voulu faire revivre, en consignant faussement dans leur jugement une reconnaissance de moi, pour dispenser mes adversaires d'un enregistrement assez considérable.

Afin de détruire cet aveu par une inscription de faux incident dans les formes, j'avais commencé par faire la sommation prescrite par l'article 215 du code de procédure, et on n'avait pas répondu à cette sommation.

Je demandai alors le rejet du jugement, *en tant qu'il prouvait un aveu*, bien entendu, et non comme jugement ; mais la cour, qui savait bien que je n'avais pas fait l'aveu, et qui ne voulait pas pourtant réformer le jugement, imagina, pour rejeter mes conclusions, de faire semblant de croire que je demandais le rejet du jugement, COMME JUGEMENT !... décision révoltante, qui manifeste une perversité telle qu'on ne peut le croire possible !

Au fond, je produisais un grand nombre de pièces bien régulières prouvant les avances de mon beau-père à son père postérieurement à 1824. La cour, ne voulant pas reconnaître ces avances, pour ne pas condamner mes adversaires, a imaginé de nier vaguement la présence de ces pièces dans mon dossier ! fort heureusement pour moi, ce mensonge sera prouvé avec évidence par la chiffrature et le paraphe de deux avoués, l'un décédé et l'autre démissionnaire aujourd'hui ! Cet arrêt est du 5 mars 1849, première chambre. Il me faudrait écrire un volume pour expliquer les autres énormités qu'il contient ! Il va sans dire qu'il a maintenu la donation simulée, en l'appelant UN ACTE DE FAMILLE !!!!

6° En 1841, un sieur Viet poursuivait à Loudéac l'expropriation de plusieurs maisons, dont l'une était grevée d'une rente foncière de 350 francs, prix d'une vente précédente.

Les créanciers de cette rente se présentent au greffe, quelques jours avant celui fixé pour l'adjudication, et demandent, par un acte inséré au pied du cahier des charges, que les adjudicataires soient obligés, par le fait même de leur adjudication, à servir les arrérages de leur rente.

Sur ce, demande de renvoi à six mois, par le poursuivant, pour faire rejeter cette demande.

Les six mois expirés sans aucune procédure, et sans désistement de la part des susdits rentiers, adjudication à mon profit de l'une de ces maisons pour 6,440 francs, et en outre aux conditions du cahier des charges.

J'avais trouvé dans une maison de la ville, *avant l'adjudication*, l'un des créanciers de la rente, mère et tutrice d'un de ses consorts au nombre de deux, et je lui avais demandé, par excès de précautions, des explications sur son dire au pied du cahier des charges, en lui faisant connaître que je n'enchérirais pas s'il entendait exiger le remboursement du capital de sa rente, *n'étant pas sûr d'avoir des fonds pour le rembourser ;* et il m'avait répondu, en propre termes, que *non seulement il ne demandait pas le remboursement de son capital, mais qu'il le refuserait s'il lui était offert, parce qu'il ne voulait pas l'embarras de le placer ailleurs.*

Quelques semaines après l'adjudication, ce même créancier,

que je rencontrai dans la rue à Loudéac, et que j'invitai à venir régler son affaire avec moi, me répondit qu'il ne le pouvait plus faire, ayant traité avec le sieur Viet. M'expliquant depuis ce traité, il m'a appris qu'il avait été fait par son avocat, en son absence et à son insu, qu'il se réduisait à la garantie de sa rente, et qu'il n'avait encore rien reçu en septembre 1849, mais que le procès qui m'était fait n'était pas à son compte, et qu'il n'en payait pas les frais !

Malgré tout cela, on a poursuivi contre moi la revente à ma folle enchère, en 1847, parce que je ne voulais pas rembourser ce capital, et on a mis en même temps une saisie-arrêt aux mains du fermier de cette maison ; ce qui veut dire qu'on demandait en même temps, au même tribunal, l'exécution de la vente et sa résolution !

Le tribunal de Loudéac n'ayant pas voulu en connaitre, la cour, par deux arrêts du même jour, m'a renvoyé *par défaut* au tribunal de St-Brieuc pour ces deux procédures. ·

Ayant formé opposition à ces deux arrêts, *par une seule requête*, j'ai demandé la nullité comme frustratoire d'une des procédures, et mon renvoi, non à St-Brieuc, mais à Vannes, où on avait renvoyé mes autres affaires ; mais la cour m'a débouté de cette demande *par deux arrêts*, le 13 avril 1848, bien que le 30 juillet 1838, elle eut renvoyé, sur ma demande, cinq ou six affaires distinctes par *un seul arrêt !*

Première indignité de ces arrêts, me faire le plus de frais possibles, quand elle espère que je serai condamné !

Seconde indignité, renvoyer dans le même temps mes affaires à Saint-Brieuc, à Vannes et à Rennes, pour rendre ma défense impossible, en m'accablant de fatigues et de frais de voyage !

Troisième indignité, choisir pour remplacer le tribunal de Loudéac, présidé par le beau-frère d'un individu que j'ai fait condamner pour complicité de dol, celui de St-Brieuc, présidé par le beau-frère d'un autre individu dans le même cas !!!

7° Plaidant ces deux affaires à St-Brieuc, le 27 novembre 1848, j'en demandai la jonction pour connexité, parce que, bien que les deux actions impliquassent une contradiction manifeste, ma défense n'en était pas moins fondée sur les mêmes faits, *le dire des crédi-rentiers au bas du cahier des charges, et l'interprétation de ce dire par l'un d'eux;* mais cette jonction fut refusée par le tribunal, qui sentit combien il serait absurde d'ordonner par un même jugement l'*exécution* et la *résolution* de mon adjudication ! Comme il ne pouvait trouver de bonnes raisons pour motiver ce refus, il imagina d'invoquer *la chose jugée* par les arrêts d'indication de juges, bien que ces arrêts par leur nature ne pussent juger que *le renvoi* en premier et dernier ressort ! Il renvoya le jugement de la saisie-arrêt, c'est-à-dire l'*exécution de mon adjudication*, à une audience future, et ordonna séance tenante *sa résolution* avec folle enchère, par le motif que je n'avais pas acheté *pour une rente*, mais pour une somme de 6,440 francs, comme si la condition du cahier des charges, *que l'adjudicataire servirait une rente*, impliquait contradiction avec la nécessité de formuler les enchères EN FRANCS!

Le fait de l'explication bien surabondante du dire par le créancier, tuteur d'un de ses consorts, ayant été nié à l'audience, je lui déférai immédiatement le serment décisoire sur ce fait; mais le tribunal, qui ne voulait pas voir la vérité, afin de me condamner, fit semblant de croire qu'un serment est un moyen de nullité, qui devait être coté trois jours avant l'adjudication, quoiqu'il soit clair comme le soleil que le serment déféré sur un fait nié en plaidant ne constitue pas *le moyen de nullité*, et qu'il n'est qu'un mode de preuve du fait sur lequel le moyen de nullité est fondé!

Inutile de dire que la cour, sur mon appel, a confirmé ce jugement, en déclarant en adopter les motifs; mais, comme elle a bien senti ce qu'ils avaient de faux et d'absurde, elle y a ajouté quelque chose d'aussi absurde, mais de beaucoup plus artificieux, pour essayer de cacher son iniquité! Pour bien voir sa forfaiture, il faut lire attentivement l'arrêt et le jugement.

8º En janvier 1850, je fus appelé au même tribunal pour plaider l'affaire de saisie-arrêt, et j'en demandai la nullité, 1º comme frustratoire, d'après l'article 685 du code de procédure de 1841, que l'on avait suivi contre moi, et 2º comme étant fondée sur un titre qui était nul, aux termes de l'article 1016 du code civil, parce qu'il était le résultat d'un dol pratiqué envers moi pour me faire enchérir. Je dis aussi qu'il était impossible d'ordonner l'exécution d'une adjudication, 14 mois après sa résolution!

Par son jugement, rendu sur le siége, le tribunal de St-Brieuc, présidé par le sieur Habasque, beau-frère du sieur J. Boullé, que j'ai fait condamner, comme il est dit plus haut, a déclaré cette saisie-arrêt bonne et valable, en déclarant vaguement les faits de dol articulés non pertinents, et en oubliant les autres moyens indiqués plus haut!

Ce qu'il y a de plus remarquable, c'est que le tiers saisi laissant défaut, et n'ayant pas fait, à ce qu'il paraît, de déclaration, il a été par le même jugement condamné comme débiteur personnel à payer le prix de la maison, principal et accessoires; d'où il résulte qu'après avoir prononcé contre moi la résolution de mon adjudication, on a ordonné ensuite l'exécution, sans rétracter son premier jugement!!!

Ayant encore relevé appel de ce jugement, la cour n'a pas reculé devant la monstruosité que je vous signale, et pour le confirmer, malgré l'article 153 du code de procédure, que j'invoquais devant elle, et que le tribunal de St-Brieuc avait violé, elle a osé dire que, pour avoir droit d'invoquer cet article, je devais relever appel contre le tiers saisi; mais, comme elle était de mauvaise foi en invoquant cette nécessité, elle s'est bien gardéc de m'en laisser les moyens en continuant l'affaire à une autre audience!

Il est manifeste au surplus que je ne pouvais être obligé de relever appel contre le tiers saisi d'un jugement qui le condamnait à payer pour moi, et que j'éprouvais un grand préjudice par le fait du tribunal, qui, en rendant contre mon fermier un jugement susceptible d'opposition, me privait du droit de contester la déclaration qu'il fera plus tard, où m'oblige à recommencer à St-Brieuc un procès qui devait finir avec le mien!

Pour les faits de dol articulés, la cour décide qu'ils n'en ont pas même l'apparence, parce que *c'est une conversation...*; d'où il résulte, en point de droit, que la cour décide qu'il est licite de tromper quelqu'un pour l'amener à contracter, après une addition frauduleusement faite au cahier des charges, et non rétractée ou jugée avant l'adjudication, pourvu qu'on ait soin de ne rien écrire, et qu'on ne trompe ainsi par des promesses perfides que *dans une conversation ..*; décision immorale, que je ne puis flétrir trop énergiquement, parce qu'elle révèle une dégradation complète chez ceux qui l'ont rendue, qu'ils aient été ou non de bonne foi en la rendant!

Mais leur bonne foi n'est pas possible, en ce qu'ils ne parlent pas du dire inséré au cahier des charges, *qui n'est pas une conversation*, et qui suffisait, *sans la conversation*, pour me faire triompher dans les deux affaires.

Il est manifeste, en effet, que ce dire obligeait ses auteurs, et que, s'il ne les avait pas obligés à l'exécuter, le fait de le faire consigner au cahier des charges, pour tromper les tiers, en leur offrant une facilité qu'on se réservait de leur refuser après l'adjudication, constituait un dol suffisant pour faire annuler cette adjudication.

Elle n'est pas possible, car ils rejettent l'article 685 du code de procédure, qui est clair comme le jour, et qui a été expliqué dans la discussion d'une manière tellement précise qu'ils ne pouvaient se tromper sur son application.

Ils ne voulaient pas réformer le jugement appelé. Ils voulaient au contraire me condamner aux dépens de première instance et d'appel, envers et contre tout, comme à l'ordinaire. Il fallait bien alors, faute de bonnes raisons, en imaginer de mauvaises, et faire semblant de s'y arrêter!

J'articulais dans mes conclusions des faits et aveux, manifestant avec évidence que ces créanciers avaient intérêt à me faire enchérir, mais que le procès leur était étranger, bien qu'il me fût fait en leur nom; et je déférais le serment décisoire sur ces faits. Mais, pour ne pas voir la vérité, on a refusé d'ordonner que ce serment fût prêté!

L'explication de ces infamies est que, me sachant bien amnistié par le gouvernement provisoire pour les amendes au moyen desquelles on avait compté m'emprisonner 5 ans, on me condamnait par corps dans l'affaire de folle enchère. Bien que le premier jugement soit antérieur au 13 décembre 1848, la contrainte par corps y est demandée et prononcée contre moi, *malgré le ministère public*, mais sans fixation de sa durée, omission qu'on espérait voir réparer par la cour, ou qu'on se proposait d'interpréter plus tard contre moi.

J'ai acheté une maison sur la foi d'une addition au cahier des charges, addition non équivoque, et interprétée d'ailleurs, *dans une conversation*, par celui qui l'a faite.

Celui-ci obtient, *après l'adjudication*, qu'elle soit réputée non écrite ; et mes ennemis avec lesquels il a fait un traité occulte, me poursuivent en son nom pour me faire payer une forte somme, qu'ils ne lui ont pas payée eux-mêmes ; et je suis condamné *par corps*, sans pouvoir obtenir que mes adversaires soient contraints de prêter un serment décisoire, que j'ai le droit de déférer en tout état de cause !

9° Le 13 juillet 1836, ma mère acheta d'une veuve Carré Kisouët et de son fils une petite propriété immobilière. Il est dit dans l'acte que les vendeurs en sont propriétaires, comme veuve communière, et le fils comme héritier de son père ; et que le prix (18,000 francs) en a été payé aux vendeurs, *hors la présence des notaires*, mais que 8,000 francs ont été payés en acquit de l'acquéreur, par un sieur Lejoliff, et 7,000 par un sieur Béhier, *que les vendeurs subrogent dans leur privilége ;* après quoi ce même acte ajoute : en *conséquence l'acquéreur reconnaît devoir et s'oblige de payer lesdites sommes auxdits vendeurs.*

Ma mère est décédée en 1837, après avoir institué mes enfants pour ses légataires, non par aversion contre moi, mais par prudence, à cause de mes procès. Je suis même obligé par les chicanes du juge de paix de renoncer à ma réserve ; mais un de mes enfants, âgé de 14 mois, étant décédé après ma mère, je me trouve son héritier pour une petite portion.

Depuis son décès, je paie de mes deniers les frais de cet acte de vente, ainsi que les droits réparatoires de deux convenants, dont la foncialité était comprise dans la vente ci-dessus, plus quelques autres petites dettes privilégiées sur ces immeubles.

Ayant reçu en 1850 copie de cet acte, avec commandement d'en rembourser le capital, j'ai remarqué que le sieur Kisouët avait vendu comme sa propriété personnelle ce qui ne lui appartenait que pour un tiers, et, pour ne pas commettre un stellionat, comme lui, en empruntant pour payer sans indiquer le vice de notre acquisition, j'ai formé opposition au commandement, le 28 février 1850, en demandant, en vertu de l'article 1653 du code civil, la ratification des co-propriétaires ou une caution. Ayant deux lettres du mandataire des créanciers, me disant que le sieur Lejoliff avait récemment vendu sa créance, et ayant été plusieurs fois déjà poursuivi par des débiteurs, sous le nom d'un tiers, pour éviter des compensations, je me suis prévalu

2

encore de ces lettres, afin de connaître le créancier véritable. Malgré cette opposition, on a saisi les immeubles, et on a commencé la procédure au tribunal de Loudéac, qui s'est déporté le 24 mai 1850; après quoi la cour a encore renvoyé cette affaire à St-Brieuc.

Devant ce tribunal, j'ai conclu à ce que ces deux moyens d'opposition fussent accueillis comme moyens de nullité de la saisie, en y ajoutant 1° que les saisissants n'ayant aucun privilége sur les convenants remboursés par moi aux colons depuis la vente, ne pussent faire vendre les droits réparatoires de ces convenants qu'en cas d'insuffisance des biens affectés à leur privilége, d'après l'article 2205 du code civil; 2° qu'ayant payé ma part des dettes privilégiées sur les immeubles, je devais en avoir une part analogue, parce qu'une créance privilégiée de vendeur n'est pas indivisible comme une créance hypothécaire!

Le tribunal de St-Brieuc m'a débouté de tous ces moyens le 3 décembre 1850, en disant :

1° Que les consorts du fils ayant accepté purement et simplement la succession de la mère, *leur aïeule*, étaient non recevables à attaquer la vente garantie par elle; 2° que les édifices d'un convenant remboursés par l'acquéreur du fonds depuis son acquisition, étaient affectés au privilége du vendeur du fonds; 3° que je ne prouvais pas que le sieur Lejoliff eût vendu sa créance; 4° que l'*hypothèque* était indivisible.

Ayant relevé appel de ce jugement, j'ai bien prouvé que les petits enfants de la veuve Kisouët n'avaient pu accepter purement et simplement sa succession; 2° que les créanciers euxmêmes reconnaissaient dans leur inscription de 1846, n'avoir aucun privilége sur les droits réparatoires remboursés aux colons depuis la vente du fonds; 3° que le sieur Lejoliff avait réellement vendu sa créance, et que j'avais intérêt à connaître le cessionnaire; mais je n'ai pu prouver, bien que les auteurs et la jurisprudence soient d'accord sur cette question, que la créance privilégiée d'un vendeur d'immeubles n'est pas indivisible, comme une hypothèque, parce que la cour, dans son impatience, me coupa la parole sur cette question. Il est à remarquer même qu'après m'avoir ainsi coupé la parole, elle laissait l'adversaire plaider sur ce point, et qu'il me fallut le rappeler à la pudeur pour qu'elle l'interrompit. J'eus encore la simplicité de croire qu'elle ne m'avait ainsi coupé la parole que parce qu'elle admettait ma doctrine.

Ne pouvant encore, après m'avoir entendu, adopter purement et simplement les motifs des premiers juges, la cour les a bouleversés dans son arrêt du 16 janvier 1851; mais ceux qu'elle y a substitués sont peut-être plus méprisables encore, en ce que presque tous sont des mensonges en fait, des hérésies en droit, ou des insinuations malveillantes, inutiles et de mauvaise foi!

Ainsi, elle ne soutient pas que les petits-enfants de la veuve

condamner !!! Dérision révoltante, jusqu'ici sans exemple dans les fastes judiciaires, excepté dans mes affaires !

Forcé d'abréger, pour ne pas trop prolonger cet écrit, je ne parlerai pas d'un grand nombre d'indignités commises dans la même affaire, lesquelles annonceraient la plus grande ignorance, si le tribunal était de bonne foi ; mais je dois faire connaître la dernière manœuvre employée par lui pour nous dépouiller.

Ayant payé de mes deniers ou de ceux de mon fils, depuis le décès de ma mère, les droits réparatoires de deux des convenants, dont la foncialité était vendue à celle-ci par le sieur Carré Kisouët, et en ayant des quittances en mon nom, j'ai formalisé et régulièrement dénoncé au greffe du tribunal de St-Brieuc, conformément à l'article 717 du code de procédure, une demande en résolution de la vente de ces droits réparatoires, pour cause de non paiement du prix, étant subrogés de plein droit, dans tous les droits des colons remboursés par nous, en notre qualité d'héritiers bénéficiaires. (Article 1251 du code Napoléon.)

D'après l'article 717 précité, le tribunal devant lequel se poursuit la saisie n'est pas nécessairement celui qui doit prononcer la résolution, et il doit se borner à ordonner un sursis à l'adjudication.

Mais le tribunal de St-Brieuc, qui se déclarait incompétent, le 3 mars, pour juger une question à lui soumise très légalement, s'est déclaré compétent, le 24 mars, pour juger une autre question qui était soumise à un autre tribunal, seul compétent pour y faire droit ; et il a eu l'indignité de refuser le sursis ordonné par la loi susdite, sous le prétexte, absurdement faux, que la demande en résolution était d'avance repoussée par un de ses précédents jugements confirmé par la cour !

On ne peut comprendre ce degré d'impudence et d'audace, en ce que, dans le temps de ces divers jugements, les journaux entretenaient tous les jours la France, à l'occasion de la nouvelle loi hypothécaire en discussion, du droit réservé aux vendeurs d'immeubles de faire prononcer la résolution des ventes pour défaut de paiement du prix, même après la perte de leur privilége comme vendeurs.

Nous avions contesté le privilége des vendeurs du fonds sur des droits réparatoires non vendus par eux, et un arrêt inique leur avait reconnu ce privilége, malgré les énonciations de leurs inscriptions, prouvant jusqu'à l'évidence que jamais ils n'avaient entendu avoir ce privilége ;... cela est vrai.

Mais nous n'avions jamais demandé la résolution, *faute de paiement* du prix, du chef des colons remboursés par nous, comme héritiers bénéficiaires ; et il n'est pas contestable qu'un vendeur d'immeubles non payés ne conserve le droit d'obtenir la résolution de sa vente, même après la perte de son privilége, que l'acheteur ait ou non affecté à des tiers l'immeuble non payé, par privilége ou hypothèque !

Quant à notre qualité d'héritiers bénéficiaires, et au fait du paiement *de nos deniers*, ils n'étaient pas contestables et n'étaient pas contestés non plus ; mais au surplus ces questions n'auraient pas été de la compétence du tribunal de St-Brieuc, qui, d'après la loi, n'avait qu'un sursis à prononcer.

Ayant encore relevé appel de ce dernier jugement, la cour de Rennes l'a confirmé, comme tous les autres ; et joignant cette fois la calomnie à l'iniquité, elle est allée jusqu'à dire dans son arrêt du 9 août 1851, *qu'il y avait fraude et mauvaise foi dans le fait de demander une résolution* CONTRE SOI-MÊME !

Si, après avoir vu tout ce qui précède, quelque chose pouvait étonner encore de la part de la cour de Rennes, cette imputation surtout choquerait tout jurisconsulte ; car il est de principe élémentaire qu'un héritier bénéficiaire, qui agit dans son intérêt personnel, comme subrogé aux droits d'un créancier payé par lui, n'est pas dans ce cas le *représentant* de la succession, mais au contraire *l'adversaire de la succession*, qui doit être représentée, dans ce cas, comme il est dit en l'article 996 du code de procédure.

D'un autre côté, le législateur savait bien, quand il a reconnu la nécessité d'établir une subrogation légale au profit des héritiers bénéficiaires, que ces derniers paraîtraient agir *contre eux-mêmes*, comme le dit la cour, en exerçant les droits résultant de cette subrogation.

La calomnie de la cour est donc aussi absurde qu'elle est odieuse.

Après cet arrêt, on a procédé au règlement d'ordre, devant le tribunal de Loudéac, et, les créanciers hypothécaires payés, il est resté une somme de 4,512 francs à la caisse des consignations.

Divers petits créanciers, d'accord avec nous, se sont présentés pour des sommes inférieures à ces 4,512 francs, qui toutes étaient reconnues sans difficulté. Il n'y avait ainsi qu'à ordonner qu'ils fussent payés, sans autre procédure.

Mais le tribunal, pour ruiner en frais mes malheureux enfants, a imaginé de renvoyer procéder par voie de distribution par contribution, feignant d'ignorer que, d'après l'article 656 du code de procédure, il faut que le prix des ventes ne suffise pas pour payer les créanciers, et, d'après l'article 657, que les créanciers et le saisi ne s'entendent pas dans le mois, pour qu'il puisse être procédé de la sorte.

Il y a plus :

Deux individus étant intervenus dans cette instance, pour y faire joindre d'autres demandes prétendues connexes, ils ont été déboutés par le tribunal ; et, par cela même, ils devaient être condamnés aux dépens, d'après l'article 130 du code de procédure.

Mais le tribunal, qui ne peut ignorer ce que porte cet article, a condamné aux dépens, non pas les parties *qui succombaient*, mais au contraire *celles qui triomphaient !!!* parce que c'était nous qui triomphions !

Bien qu'un long délai soit écoulé depuis sa date, ce jugement n'a pas été signifié encore ; ce qui est une preuve que les adversaires n'espèrent pas sa confirmation, car ils n'ignorent pas qu'il en sera relevé appel après sa signification.

Ils avouent donc par là implicitement la forfaiture du tribunal !

Voici une autre affaire, plus indigne peut-être encore que celles exposées ci-dessus :

Vous vous rappelez peut-être ce qui est exposé pages 148 et suivantes de ma requête du 20 avril 1843, dans tous les cas, vous relirez cette requête, dont la présente n'est que la suite, et vous y verrez que, sous prétexte de m'empêcher de dissiper le mobilier de ma mère, légué par celle-ci à mes enfants le jour de son décès, le juge de paix de Loudéac, aidé et assisté d'un sieur Pendezec, alors juge au tribunal de Loudéac, et jugeant en référé en remplacement du président, qui se déportait à cette époque, est parvenu à laisser pendant trois ans les scellés apposés par lui sur ce mobilier, malgré la circonstance qu'il était placé dans une maison dont le loyer coûtait à mes enfants, quatre cents francs par an.

Vous verrez aussi dans cette même requête, pages 156 et suivantes, que, peu de temps après, les mêmes juges déboutaient mes enfants, par les motifs les plus indignes, de leur revendication de ces meubles, saisis sur moi, comme s'ils m'avaient appartenu, pour une prétendue dette de 157 francs, qui n'existait même pas.

Hé bien ! vous allez les voir maintenant ordonner la vente de ce mobilier pour mes contributions, malgré leur réclamation fondée sur les pièces les plus décisives, et, pour y parvenir, accumuler contradictions et absurdités, suivant leur habitude.

En septembre 1848, la perception de Loudéac envoya son porteur de contraintes avec deux témoins pour apposer une saisie chez moi, non pas pour mes contributions personnelles, mais pour des contributions de la succession Bourdonnay, à Pontivy, succession contre l'acceptation de laquelle j'avais été restitué pour cause de dol, dès le 29 août 1837.

Il avait vraisemblablement pour instructions de ne pas passer outre, car il n'établit pas de saisie, me conduisit chez le percepteur et le receveur des finances, où on finit par annoncer, après de très longs débats, que le percepteur de Pontivy venait d'écrire qu'il était enfin payé par les fermiers de la succession...

Cette affaire à peine finie, on en recommence une autre, plus odieuse encore :

Le 1er mai 1845, j'avais affermé une carrière d'ardoises à Mur, pour occuper mon fils, qui, après y être resté quelques mois, refusa d'y retourner par des raisons assez graves.

Je la sous-affermai à un sieur Métayer, le 30 septembre de la même année.

Ce sieur Métayer, y étant associé avant mon bail, payait apparemment la patente avant 1845. Ce qu'il y a de certain toujours, c'est qu'il obtint sa radiation du rôle en 1847, parce qu'il payait une autre patente semblable dans la commune de Paimpont, son domicile.

Alors on a imaginé de me porter au rôle des patentes pour le dernier trimestre de 1848, et pour l'année 1849 toute entière, bien que mon bail au sieur Métayer fût enregistré depuis long-temps, et que je ne m'occupasse aucunement de cette exploitation.

J'ai réclamé, conformément à la loi, non pas ma décharge par la voie contentieuse, mais le transport de cette patente au sieur Métayer par la voie administrative, ne connaissant que par les dires du contrôleur sa position exceptionnelle; mais on a rejeté ma réclamation, non pas comme mal fondée ou injuste, mais seulement parce que, d'après je ne sais quelle circulaire ministé-rielle, que je n'ai jamais vue, parce qu'elle n'a pas été promul-guée; ma réclamation *était assimilée* à une demande en décharge ou réduction, et devait être accompagnée de la quittance des douzièmes échus.

Si on eût été conséquent et juste, on eût poursuivi le recou-vrement de cette patente en saisissant les ardoises sur la carrière, sauf au sieur Métayer à réclamer le bénéfice de la décharge pro-noncée en sa faveur; mais, comme c'était moi seul qu'on voulait atteindre, on a saisi, le 3 juin 1850, non pas *mes meubles*, mais les meubles de mes enfants, légataires de ma mère, morte en 1837, après avoir fait un testament en leur faveur, par les rai-sons exposées dans ma requête du 20 avril 1843, pages 148 et suivantes, et à la succession de laquelle au surplus j'avais été forcé de renoncer dès le 2 octobre 1837, par suite des chicanes du juge de paix de Loudéac, et des ordonnances du juge des réfé-rés nécessitées par ces chicanes.

Il est à remarquer même, que, dès la majorité de mon fils aîné, en 1849, je lui avais affermé ma propriété, tant pour lui que pour sa sœur aînée, qui a ratifié aussitôt sa majorité; de sorte que, le 3 juin 1850, jour de la saisie précitée, mes enfants étaient non seulement propriétaires des meubles saisis, mais encore *possesseurs* de ces meubles, en vertu d'un bail ayant date cer-taine, tandis que moi, *non propriétaire*, j'étais aussi *non posses-seur*, demeurant depuis vingt-six mois dans la ville de Loudéac, à trois kilomètres de la maison de mes enfants.

Ceux-ci formèrent, en conséquence, d'après l'article 608 du code de procédure et la loi du 12 novembre 1808, une demande en distraction que le préfet du département renvoya au tribunal de Loudéac, ou plutôt qui y fût portée par mes enfants après la décision de ce magistrat.

Ce tribunal n'ayant pu se composer pour en connaître, force fut à l'administration de se pourvoir devant la cour en indica-tion de juges; mais elle avait si peu de confiance en sa cause qu'elle a laissé s'écouler deux années avant de faire désigner un tribunal. — Renvoyés à la fin, l'an dernier, devant celui de St-Brieuc, mes enfants ont produit pour prouver leur droit de propriété : 1º leur bail précité ; 2º le procès-verbal d'apposition des scellés chez leur grand'mère le 26 mai 1837, contenant description de tous ses meubles ; 3º les quittances du droit de mutation payé en leur nom ; 4º ma renonciation à la succession de ma mère, le 2 octobre 1837 ; et 5º plusieurs autres pièces décisives, qui seront jointes à la présente.

Ils demandaient de plus à prouver par témoins l'identité des meubles saisis avec ceux de leur grand'mère, etc. ; preuve évidemment recevable dans l'espèce.

Mais le tribunal, qui voulait les condamner à cause de moi, a jugé, le 14 décembre dernier, non pas qu'ils n'étaient pas propriétaires de ces meubles, mais seulement qu'étant porté au rôle des contributions mobilières et foncières de la commune de Loudéac, pour les années 1848, 1849 et 1850, *il s'en suit que les objets saisis sont naturellement et légalement réputés appartenir à moi, et non à mes enfants.*

Et, sur le fondement de cette *présomption*, qui comme telle doit céder à la preuve contraire, il condamne mes enfants aux dépens, à 100 francs de dommages-intérêts, et ordonne l'exécution provisoire de son jugement,... sans s'expliquer sur les preuves écrites, qui étaient sans réplique, et sans statuer en aucune façon sur la preuve testimoniale offerte !

Il y a même ceci de très remarquable dans ce jugement, qu'il me condamne aux dommages-intérêts et aux dépens, conjointement avec mes enfants, bien que je ne fusse pas dans la cause, *en mon privé nom,* et que je ne pusse y être par la force même des choses !

Le jugement ayant été signifié le 17 janvier dernier, le porteur de contraintes vint le 20 du même mois faire un procès-verbal *dit de récusement,* dans lequel il constata qu'il manquait des bestiaux, une selle et des équipages, et fixa la vente au 29 du même mois.

Les bestiaux manquant appartenaient à un fermier de mes enfants, qui les leur avait confiés en mai 1850, et qui les avait enlevés le 29 septembre suivant, parce que le percepteur avait retiré son gardien immédiatement après la réclamation de mes enfants ; ce qui était articulé dans les conclusions devant le tribunal, *avec offre de preuves.*

Au lieu de provoquer des poursuites correctionnelles contre nous ou contre le fermier susdit, pour ces objets manquants, le percepteur, qui connaissait bien la vérité du fait articulé plus haut, envoya l'huissier Bagot, le 26 janvier, faire une nouvelle saisie dans la même maison ; mais, au lieu de constater l'enlèvement des bestiaux susdits, il imagina d'envoyer chercher, par un de ses témoins, quatre vaches, onze moutons et une chèvre dans une ferme appartenant à mes enfants, à un kilomètre de dislance, et de constater faussement *qu'il les avait trouvés dans une grange au village de Cojan*, OU IL LES SAISIT.

Toutefois, comme il n'y avait que quatre moutons saisis le 3 juin 1850, et qu'il fallait faire semblant de croire que c'étaient les mêmes, il n'en saisit que quatre, bien qu'il y en eût onze, et il ne saisit pas la chèvre!

Quant aux deux veaux d'un an, l'huissier Bagot, ne comprenant pas que, depuis 1850, ils avaient vieilli de trois ans, et qu'ils étaient devenus des vaches de quatre ans, il constata faussement que ma fille aînée les avait vendues!

Celle-ci avait vendu, en effet, quatre génisses vers la St-Michel 1852; mais comme elle ne les avait achetées qu'en 1851, elles ne pouvaient avoir été saisies en 1850!

Ce qui rend plus remarquable encore le faux commis par Bagot, en constatant qu'il avait trouvé trois vaches et quatre moutons dans une grange à Cojan, c'est que le porteur de contraintes avait envoyé son gardien les chercher au village du Pré Rouxel, *où ils étaient le 20*, mais qu'il s'était bien gardé de les saisir, cette ferme ne m'ayant jamais appartenu!

Il avait été reconnu, d'ailleurs, que ce n'étaient pas les bestiaux saisis le 3 juin 1850. Son procès-verbal en fait foi!

Le procès-verbal du 26 janvier ne convenant pas encore au percepteur, ou plutôt à l'avoué de son administration, car je le crois étranger à toutes les indignités qui ont été faites, on renvoya l'huissier Bagot saisir une troisième fois, le 28 janvier; mais cette fois ce n'était plus pour les contributions dues par moi seul. C'était au contraire, et le procès-verbal le dit textuellement, *pour la nouvelle créance résultant du jugement du 14 décembre, dommages-intérêts et dépens;*... aussi cette fois ce n'est plus contre moi seul qu'on saisit, mais contre moi *et mes enfants!*

Ce dernier procès-verbal est fait, non seulement dans mon ancienne propriété à Cojan, mais encore dans deux autres propriétés appartenant à mes enfants, lesquelles je n'ai jamais habitées; il comprend les pailles, fourrages, chevaux, charrettes et instruments aratoires des trois exploitations, ainsi que les trois vaches et les quatre moutons ci-dessus, c'est-à-dire qu'il n'est laissé qu'une vache pour quatre personnes distinctes, condamnées sans solidarité, et ayant toutes les quatre des propriétés distinctes et des logements séparés (ce que le procès-verbal constate clairement), et ce qui est évidemment une contravention à l'article 592 du code de procédure!

Dans cet état, nous relevâmes appel du jugement de St-Brieuc le 8 février dernier, et, par le même exploit, nous assignâmes devant le tribunal de Loudéac pour faire déclarer nulle la dernière saisie susdite, par les motifs ci-dessus, et, en outre, parce qu'elle n'avait pas été précédée d'un commandement.

Le percepteur ayant, malgré cette double instance, fait apposer des affiches le 12, annonçant la vente pour le 14, nous nous pourvûmes en référé, et nous plaidâmes en référé le 13 au soir.

Le président ayant renvoyé la prononciation de son ordonnance au lendemain matin, j'écrivis à notre avoué le lendemain pour savoir ce que déciderait cette ordonnance.

Il me répondit très brièvement que le président avait reconnu que l'appel suspendait l'exécution pour les dépens et les dommages-intérêts, et qu'il avait distrait de la saisie les objets nécessaires à l'exploitation des terres.

Quand l'huissier se présenta pour enlever les objets saisis, quelques instants après la réception de cette lettre, je lui demandai l'exhibition de l'ordonnance de référé, pour savoir au juste ce qu'il pouvait enlever, et sur son refus, je fis fermer les portes.

Il retourna en ville, et il revint quelque temps après avec le garde champêtre, un serrurier et deux gendarmes.

A leur arrivée dans ma cour, j'abordai le garde champêtre pour lui demander ce qu'il voulait, qu'elle était sa qualité, et pour lui expliquer que nous ne pouvions consentir volontairement à l'enlèvement des objets saisis : 1° parce qu'ayant relevé appel du jugement de St-Brieuc, nous devions éviter avec soin tout ce qui ressemblerait à un acquiescement à ce jugement ; 2° parce que ne sachant pas au juste quels objets étaient distraits de la saisie par l'ordonnance de référé, nous ne pouvions sans danger consentir à un enlèvement quelconque de ces objets.

Pendant ces observations qui étaient fort justes, mais qu'il n'était pas en état de comprendre, l'huissier Bagot m'interrompit plusieurs fois, et à chaque interruption je me bornai à lui faire observer que je parlais, non à lui, mais au magistrat qu'il avait amené, et qu'il ne devait pas m'interrompre ainsi.

Impatienté à la fin par mes observations, il poussa l'insolence jusqu'à me dire, en présence des personnes ci-dessus, *que je savais bien que ce que je disais n'était pas vrai.*

Piqué de cet outrage, je lui répondis vivement *qu'il m'insultait gravement; que s'il ne le comprenait pas, il était un imbécille; mais que moi, qui le comprenais bien, je ne le souffrirais pas, et que, s'il n'y avait que lui et moi, je lui donnerais de ma botte au derrière.*

Quelques instants après, dans la maison, Bagot ayant voulu recommencer ses insolences, je lui fis observer très poliment qu'il n'avait pas droit d'insolence dans ses fonctions, que je pardonnais les premières, mais que je l'engageais à ne pas recommencer, en ajoutant : *prima gratis...,* et à quoi le garde champêtre répondit en riant : *secunda debet, tertia solvet.*

Malgré ces petites contestations, la bonne harmonie ne tarda pas à se rétablir entre nous; mais, deux jours après, Bagot, poussé par les conseils perfides de l'avoué Martin, alla me dénoncer au procureur impérial *en dénaturant les faits.*

Appelé devant le tribunal correctionnel pour ces faits, le 3 mars dernier, je suis parvenu à en faire une preuve complète, malgré le faux témoignage de Bagot et de ses compagnons, parce qu'un des gendarmes a été assez honnête pour dire la vérité; mais le tribunal m'a cependant condamné à cent francs d'amende, en vertu de l'art. 224 du code pénal.

J'étais assurément dans mon droit en disant pour ma défense:

1° Que Bagot avait l'habitude de boire;

2° Qu'il était assez souvent insolent dans ses fonctions, tant par suite de cette habitude que parce qu'il avait peu d'intelligence;

3° Qu'il avait été assez récemment souftleté dans l'exercice même de ses fonctions, par une marchande de la ville, et cela en présence du commissaire de police qui, requis par lui de verbaliser contre elle, s'y était refusé en disant que, s'il verbalisait, ce serait contre lui, parce qu'il était complètement dans son tort par suite de ses insolences.

Mais Bagot, fidèle à ses habitudes, et malgré la majesté de l'audience, s'oublia jusqu'à me dire publiquement, après m'avoir interrompu plusieurs fois dans ma défense, sans avoir égard aux avertissements répétés du président, *que j'avais donné des coups de pied à une femme qu'il nomma.*

Cette diffamation, tout-à-fait étrangère à la cause, servant à ma défense, en ce qu'elle était une répétition littérale de la scène du 12 février, je crus devoir en porter plainte immédiatement; mais le tribunal qui ne voulait pas le condamner, incrimina de mauvaise foi ma défense, pour l'acquitter d'un délit grave et *avoué* par lui!!

Ayant relevé appel de ces deux jugements par un même acte, j'ai demandé par ce même acte la jonction des deux affaires, à cause de leur connexité; mais, malgré cette demande, qui était très régulièrement faite dans cet acte d'appel, je n'ai été appelé à l'audience du tribunal d'appel que pour l'une d'elles seulement, celle poursuivie contre moi sur la plainte de Bagot.

Je me suis présenté, en conséquence, devant le tribunal d'appel, le 22 avril dernier, mais seulement pour demander la jonction de ces deux instances et la fixation à une autre audience; et je n'ai, en effet, conclu qu'à cette jonction, prenant même la précaution de refuser de répondre aux questions du président, malgré son insistance et les conseils perfides du ministère public, précisément pour établir que je ne voulais pas me défendre au fond; et, après le jugement sur l'incident, je suis sorti de l'audience, en demandant acte au tribunal de ma déclaration d'entendre laisser défaut au fond, *ce à quoi le président a répondu qu'on ne jugerait pas par défaut.*

Non seulement le tribunal n'a constaté aucun de ces faits dans son jugement, mais il y a au contraire inséré de mauvaise foi des énonciations tendant à prouver que je m'étais défendu au fond;

et il m'a condamné en trois mois de prison, en vertu de l'art. 6 de la loi du 25 mars 1822, qui n'était pas applicable à la cause, et qui, s'il avait été applicable, eût exigé une procédure spéciale, prescrite, à peine de nullité de la plainte, par la loi du 26 mai 1819, et qui n'a pas été faite en première instance. Les faits devaient être articulés et *qualifiés* dans la plainte et dans l'ordonnance, à peine de nullité.

Immédiatement après ce jugement, je me suis présenté au greffe pour y déclarer mon pourvoi ; mais le jugement n'étant pas rédigé, je fus obligé de me retirer sans le faire. Le surlendemain, je m'y suis présenté de nouveau, mais le président refusa de me communiquer le jugement et la procédure. Enfin, le troisième jour, je suis parvenu à obtenir cette communication, et j'ai fait mon pourvoi, dans lequel je déclare porter plainte en faux contre le tribunal pour les faits ci-dessus.

Je dois dire ici, toutefois, que le procès-verbal du greffier contenant mon interrogatoire n'était pas rédigé encore à l'instant de mon pourvoi, et qu'il n'y avait au dossier qu'un écrit sans signature qui devait être recopié. Je me suis présenté au parquet du procureur général, à Rennes, le 7 mai dernier, pour en demander communication, afin de pouvoir rédiger ma requête ; mais elle m'a été refusée d'une manière péremptoire, malgré mes observations sans réplique. J'ai appris depuis que le président s'était permis de le faire changer, mais on ne m'a pas dit en quoi.

Je ne puis donc savoir aujourd'hui encore ce que contient ce procès-verbal du greffier, et par conséquent si je devrai l'invoquer ou le combattre !

Dans cet état, je dois indiquer les témoins que j'ai remarqués dans l'auditoire. Ce sont MM. Victor Duruban, négociant, Maret, professeur de mathématiques, Doré, avoué, Bienvenu, avocat, Leborgne huissier, Goubeaux, contrôleur en retraite des contributions indirectes, tous domiciliés à St-Brieuc, auxquels je puis ajouter MM. Hamonno, greffier, et Besné, commis greffier, *qui n'étaient pas à l'audience*, mais qui m'ont dit tous les deux au greffe, immédiatement après l'audience, *qu'ils étaient convaincus que mon jugement n'était pas contradictoire* (ce qui prouve qu'au premier moment ils en avaient entendu parler aux personnes présentes).

Il est vraisemblable que ces témoins en indiqueront d'autres, car il y avait dans l'auditoire beaucoup de personnes inconnues de moi. J'y ai remarqué encore M. L. Baron, maître sellier à St-Brieuc.

Celui des substituts du procureur général qui m'a refusé la communication du dossier à Rennes, m'ayant dit que j'avais assisté au rapport de l'affaire, à l'interrogatoire des témoins, et que j'avais même fait adresser des questions à ces témoins, je dois dire ici : 1º qu'il ne m'était pas possible d'empêcher ce rapport prétendu, qui n'était qu'une série d'injures et de calomnies contre moi, injures et calomnies tout-à-fait étrangères à la cause ; 2o que j'ai plusieurs fois, mais inutilement, demandé acte de ces injures et de ces calomnies, afin de poursuivre le calomniateur ; 3o que je n'ai fait faire de questions aux témoins que sur des faits se rattachant à la connexité des deux instances, objet de l'incident plaidé par moi ; et 4o, que le tribunal, auquel je me suis adressé plusieurs fois par des conclusions, sur le refus du président de faire droit à mes demandes, a toujours refusé, non seulement de faire droit à mes demandes, mais encore de les consigner. J'articule ici, entre autres faits, que le rapporteur ne lisant pas les notes sommaires des dépositions des témoins à l'audience, beaucoup plus complètes que l'information primitive, non seulement sur le fond, mais encore sur l'incident, le tribunal a refusé de délibérer sur ces conclusions et de les consigner. Ma plainte en faux porte sur tous ces faits. La mauvaise foi du tribunal et du parquet est si manifeste, que, de tous les témoins à charge, au nombre de cinq, un seul n'a pas été appelé en appel, parce qu'il avait dit la vérité en première instance, et qu'on ne voulait pas qu'il la répétât en appel. Je veux parler d'un gendarme, nommé Jean, qui avait avoué à Loudéac que Bagot m'avait dit, dans ma cour, pendant que je parlais au garde champêtre : *vous savez bien que ce que vous dites est faux* (ce qu'il n'avait pas dit, je crois au juge d'instruction).

Ce dernier fait explique bien pourquoi le président du tribunal de St-Brieuc ne lisait pas les notes sommaires dans son rapport, et pourquoi le tribunal a refusé de les faire lire quand je l'ai requis !

Ne pas appeler les témoins favorables à la défense, et refuser de lire leurs dépositions en première instance, est une iniquité révoltante chez les juges d'appel ! ! !

Mais ce n'est pas tout ce que le tribunal de St-Brieuc a osé contre moi le 22 avril.

Ayant, le 14 mars dernier, rencontré fortuitement un des témoins dans une maison à Loudéac, je l'ai questionné fort honnêtement sur les faits ci-dessus, afin de savoir si je devais l'appeler en appel ; et il a avoué, devant un témoin honnête, sans paraître offensé de mes questions, qu'il m'avait entendu dire à Bagot, le 12 février dernier, dans ma cour : *vous m'insultez gravement*, avant les paroles incriminées.

Hé bien ! le tribunal de St-Brieuc et le substitut sont parvenus à lui faire dire, à l'audience, que je l'avais insulté, et ils ont fait un procès-verbal séance tenante, pour diriger de nouvelles poursuites contre moi, procès-verbal dans lequel ce témoin nie ses aveux du 14 mars !

Ce n'est pas tout encore.

Une nouvelle information ayant été faite à Loudéac sur ce fait, il a été prouvé que ce témoin avait menti à l'audience de St-Brieuc, le 22 avril, et à celle de Loudéac le 3 mars, et menti de mauvaise foi !

Dans cet état, on devait le poursuivre pour faux témoignage, et me renvoyer hors de cause ; mais *à Loudéac* on ne le poursuit pas, et on me renvoie en police correctionnelle ! Ce n'est pas tout, on me condamna contre l'évidence, et à St-Brieuc on aggrava encore la peine !

Enfin, pour parvenir à détruire la preuve du faux témoignage, on envoie un des témoins de l'affaire correctionnelle à un témoin du faux témoignage, pour l'effrayer en lui soutenant qu'il a avoué le contraire de ce qu'il dit dans sa déposition. Heureusement il s'agissait d'un fait tellement prouvé qu'il n'était pas possible de le révoquer en doute.

Le faux témoin s'appelle Lerault, gendarme à Loudéac. Les témoins de son faux témoignage sont Joseph Baron fils et son épouse ; et l'agent envoyé à Baron est le garde champêtre Hinault. L'huissier Bagot lui-même a cherché à influencer la femme Baron ; de sorte que ces trois témoins, qui ont tous nié la vérité au tribunal de Loudéac, le 3 mars, l'ont nécessairement niée de mauvaise foi ! Hinaut, on ne sait pourquoi, a été appelé à l'audience du 12 mai, pour y faire un faux témoignage, en soutenant que Baron était chez lui le 14 mars dernier, quand je parlai à Lerault. Qui avait dit au parquet que Hinault savait cela ? Hinault lui-même ou Lerault ! Nouvelle preuve de leur faux témoignage !

Le gendarme Jean a reconnu, devant le tribunal de Loudéac, que Bagot m'avait dit, dans ma cour, le 12 février, pendant que je parlais à Hinault : *Vous savez bien que ce que vous dites est faux.* Il est donc impossible que Hinault et Lerault, qui étaient près de Jean, ne l'aient pas entendu comme lui. D'un autre côté, cinq témoins appelés par moi, ont déposé à la même audience m'avoir entendu répondre à Bagot : *Vous m'insultez*, *Bagot, etc.* Hinault et Lerault, qui étaient beaucoup plus près de moi que ces cinq témoins, l'ont donc entendu comme eux. Cependant ils l'ont nié à Loudéac et à St-Brieuc, avec une grande audace !

De plus, Lerault m'a avoué, le 14 mars, en présence de la femme Baron, qu'il avait entendu ma réponse ci-dessus à Bagot ; et, malgré cet aveu, il a nié ce fait à St-Brieuc, le 22 avril, comme à Loudéac le 3 mars.

A la vérité, il l'a encore nié devant le juge d'instruction de Loudéac le 27 avril ; mais, comme la femme Baron l'a affirmé, et que pour se tirer d'affaires il a avoué qu'en effet il lui avait fait cet aveu *un autre jour que le 14 mars*, il est aujourd'hui prouvé par son aveu judiciaire devant le juge d'instruction qu'il a réellement entendu ma réponse ci-dessus à Bagot, *ce qui a été nié par lui dans deux dépositions !* Si le juge d'instruction n'a pas consigné cet aveu fait par Lerault, les époux Baron, qui étaient présents, en déposaient. Ils étaient présents pour être confrontés avec Lerault, qu'ils ont confondu dans cette confrontation !

Ce n'est pas tout encore.

Lerault, pour faire croire à une publicité chimérique, a imaginé de dire au tribunal de St-Brieuc que Baron fils était chez lui quand je l'ai outragé, et qu'il lui avait parlé; et il a soutenu ce fait avec audace devant le juge d'instruction, bien qu'il fût faux et qu'il le sût bien, l'ayant en quelque sorte avoué à la femme Baron dès le 23 avril, *à son retour de St-Brieuc*, en lui annonçant qu'elle serait appelée comme témoin.

Les époux Baron l'ayant nié au contraire avec persistance, Lerault a véritablement été convaincu de mensonge, parce qu'ils ont fourni ou du moins indiqué la preuve complète que le mari était ailleurs dans l'instant même où Lerault prétendait l'avoir trouvé chez lui.

Dans cet état, on a imaginé d'envoyer Hinault dire à Baron qu'il lui avait avoué, *à lui Hinault*, s'être trouvé chez lui le 14 mars, quand je parlai à Lerault, afin d'effrayer Baron, accusé de faux témoignage par Lerault, et de l'amener à se rétracter! Mais Baron, bien sûr de son fait et de ses preuves, a confondu Hinault, qui s'est retiré tout honteux de son infamie! Cependant il a répété ce mensonge à l'audience du 12 mai dernier, où il a été appelé uniquement pour le répéter. Malgré tout cela on n'a pas pu dire qu'il y avait *publicité;* mais comme on voulait me condamner, on a glissé là-dessus frauduleusement! Ceci était un moyen de cassation très sérieux, car j'ai contesté cette publicité dans mon interrogatoire, et dès lors il fallait *des motifs* sur ce chef, à peine de nullité du jugement, et *des motifs conformes à l'esprit de la loi pénale !*

Quant à Bagot, il n'est pas possible qu'il puisse ignorer ce qu'il m'a dit, et ce que je lui ai répondu le 12 février; et, par conséquent, du moment où il a nié la vérité, il l'a niée de mauvaise foi, et il est coupable de faux témoignage!

Hinault est absolument dans le même cas, ses mensonges à Baron manifestant la plus indigne mauvaise foi!

Ces faits sont toute mon affaire correctionnelle contre Bagot, en ce qu'il est incontestable qu'il n'avait pas droit de m'insulter dans l'exercice de ses fonctions, et que j'avais droit au contraire de faire cesser ses outrages par une protestation énergique contre eux. Par conséquent, ma plainte en faux témoignage est ma défense naturelle à l'action du ministère public, relativement à mes prétendus outrages contre Bagot et Lerault, aussi bien que ma plainte en faux contre le tribunal, en ce qu'il faudra plaider au fond sur mon appel, quand il sera jugé que le jugement du 22 avril dernier n'est pas contradictoire, et quand celui du 12 juin sera cassé. Ma plainte est bien mieux fondée encore s'ils sont maintenus.

Mais les faux témoins ne sont pas les seuls coupables dans cette affaire, car leur faux témoignage était si évident qu'il n'a pu tromper les juges.

Ceux-ci m'ont condamné par haine, comme à l'ordinaire, contre leur conscience; et les témoins n'ont même imaginé de mentir que pour plaire aux juges, étant tous dans leur dépendance. La dénonciation de l'huissier n'a été faite elle-même que pour les flatter, et par les conseils d'un avoué, nommé Martin, le plat valet du tribunal notoirement!

C'est ce même Martin qui avait ourdi le complot de 1842, que j'ai expliqué dans mes écrits, cités plus haut. Depuis un an, il a conseillé et écrit de sa main trois dénonciations calomnieuses contre moi, qui ont été écartées par le tribunal de Loudéac lui-même, tant elles étaient absurdes!

Il est important de connaitre les causes de la haine de cet avoué contre moi, parce qu'elles révèlent un grand mal social, l'oppression des citoyens qui résistent aux iniquités des officiers ministériels.

Je ne parlerai pas ainsi de son beau-père, qui était un des agents les plus actifs des fraudes organisées en 1830 pour nous faire déclarer en faillite, bien qu'il dût beaucoup de reconnaissance au mien, qui l'avait fait élever par charité, lui avait appris à écrire, et l'avait pris comme commis dès sa jeunesse. Ayant signalé son ingratitude dans mes mémoires, sa famille m'a voué une haine implacable.

Mon beau-père possédait, près Loudéac, un immeuble assez important, dans lequel demeurait comme fermier le père des deux autres propriétaires par indivis; mais il n'était fermier que de mon beau-père, jouissant du surplus gratuitement, à titre de pension alimentaire.

En 1841, l'avoué Martin eut l'indignité de faire saisir le mobilier du père pour une prétendue créance personnelle à l'un de ses fils. J'intervins dans la cause, et je le forçai à abandonner sa saisie et à en payer les frais.

Dans la même année, j'avais acheté deux maisons voisines d'un seul vendeur, et par un seul contrat; mais le prix de chacune de ces deux maisons y était fixé, 2,200 fr. la grande, et 800 fr. la petite. Poussé par la cupidité, l'avoué Martin imagina de faire ouvrir deux réglements d'ordre distincts pour ces 3,000 fr.

Informé de ces procédures indignes, je m'empressai de traiter avec les créanciers, qui m'imposèrent l'obligation de payer leur avoué, en affirmant ne l'avoir pas autorisé à poursuivre un double réglement d'ordre.

Informé de ce fait, Martin n'a pas osé me poursuivre, et son action est depuis longtemps prescrite.

Ce qu'il y a d'épouvantable, c'est qu'ayant expliqué ces faits, il y a dix ans, dans une audience correctionnelle, où il était témoin contre moi, le tribunal de Loudéac, au lieu de l'interdire pour ces actes, me condamna sur son faux témoignage. (Voir ma requête du 20 avril, pages 125 et suiv.)

La preuve, au surplus, que Martin ne s'est abstenu de me

3

poursuivre pour cette affaire que parce qu'il reconnaissait son iniquité, cette preuve résulte avec évidence de la circonstance qu'il m'a fait, peu de temps après, un autre procès pour des honoraires et vacations, afin de se venger de ma résistance dans l'autre affaire.

Je l'avais chargé, en 1838 ou 1839, de poursuivre, comme avoué, la licitation d'un autre immeuble appartenant par indivis à la succession de mon beau-père.

Ayant l'usufruit légal des biens de cette succession, j'avais cru devoir, pour la régularité de la procédure, figurer dans cette instance en mon privé nom.

En 1843, immédiatement après la réformation du jugement correctionnel précité, il m'assigna pour obtenir paiement de ses frais, sans m'adresser aucune demande préalable, bien que nous fussions convenus qu'il serait payé par l'adjudicataire des biens; et il me fit condamner, à la fin de l'année suivante, en niant cette convention, mais solidairement avec la succession Bourdonnay. Martin s'étant permis d'affermer, dès le 9 septembre 1845, le premier des immeubles ci-dessus, comme si la succession Bourdonnay n'y avait eu aucune part, et cela dans l'intérêt du même individu, au nom duquel il faisait saisir, quatre ans plus tôt, le mobilier du fermier, pour une dette qui n'était pas sienne, et ayant reçu tous les ans, depuis cette époque, la part du fermage appartenant à la succession Bourdonnay, 130 f. par an, sa dette était depuis longtemps éteinte; dans tous les cas, elle n'était plus certaine et liquide lorsque, le premier février dernier, l'avoué Martin a imaginé, par haine et par cupidité tout à la fois, de saisir des immeubles m'appartenant précédemment, situés en la commune de Loudéac, mais donnés, ou plutôt vendus par moi, le 16 avril 1852, car si l'acte est qualifié donation, les donataires sont chargés de rembourser la dot de leur mère jusqu'à concurrence de la somme de 12,000 fr., laquelle égale, si elle n'excède, la valeur de ces biens.

Ayant demandé la nullité de cette saisie, le tribunal de Loudéac a eu l'indignité de rejeter cette demande, sous le prétexte que la dette de Martin envers la succession Bourdonnay n'était pas liquide, ce qui était faux en fait, car les droits de la succession Bourdonnay dans cet immeuble ne sont pas contestés, et cela n'était pas, au surplus, la question à juger en droit.

La véritable question du procès, en effet, était celle de savoir si, par suite de la gestion d'affaires de Martin, pendant laquelle il devait se payer lui-même, d'après Pothier, tr. neg. gest., n° 207, sa dette avait cessé d'être liquide, ce qui n'était pas contestable, car, en fait, la somme reçue par lui, pendant sa gestion, excédait de beaucoup le chiffre de sa créance.

Ce qu'il y a de plus odieux encore, c'est que Martin, ayant produit à la cour un compte partiel de sa gestion, après l'avoir fait quittancer depuis le jugement du 22 mars, avec deux lettres du co-propriétaire, dans lesquelles il reconnaissait de la manière la plus expresse, non seulement les droits de la succession Bour donnay dans l'immeuble dont il s'agit, mais encore les miens, comme usufruitier, la cour m'a refusé, en confirmant le jugement, le dépôt de ces pièces, bien qu'elles fussent devenues communes par leur production dans l'instance.

La cour voulait me condamner comme le tribunal. Il n'est pas étonnant, dès lors, qu'elle ait déplacé la question, comme lui, de mauvaise foi, et supprimé la preuve de mon droit résultant des pièces produites.

Martin disait qu'il avait agi comme mandataire de Robin. Je produisais, dans le bail authentique, la preuve sans réplique de la fausseté de ce maintien. Le tribunal et la cour ont glissé là-dessus comme à l'ordinaire.

Je prouvais en droit que Martin, en le supposant mandataire de Robin, eût été solidairement obligé avec ce dernier (voir Dalloz jeune *verbo* mandat, nos 64 et 65); on s'est bien gardé de parler encore de ce moyen.

Ce qui rend la mauvaise foi de ce silence intolérable, c'est que j'avais lu à l'audience un arrêt du 3 janvier 1840, par lequel la cour m'avait débouté, avec dommages-intérêts et dépens, de ma demande en validité de saisie-arrêt contre le sieur Faverot, par le motif qu'une créance de 22,000 fr. a cessé d'être liquide, parce que mon beau-père a reçu 720 fr. comme nég. gest. ou comme mandataire dudit Faverot. Cet arrêt, dont je parle dans ma requête du 20 août 1843, page 170, se trouve au recueil de la cour de Rennes, page

J'avais lu de plus à la cour un arrêt du 29 août 1834, rapporté par Dalloz, 1834, première partie, page 179, et un jugement du tribunal de Rennes du   1838, par lequel ma belle-mère était déboutée, avec dommages-intérêts et dépens, d'une demande en validité de saisie-arrêt contre les cautions de sa dot, par le motif unique qu'ayant accepté la communauté par suite d'un dol pratiqué envers elle, et géré sa communauté, sa créance n'était plus liquide.

Le fait était faux, en ce qui concerne ma belle-mère. Elle n'avait rien géré, mais seulement donné mandat à un commis de son mari de gérer en son nom; mais enfin, eût-il été vrai, Martin se trouvait dans une position semblable.

Jamais, non jamais, on ne parviendra à expliquer toutes ces iniquités, toutes ces contradictions, si on n'admet pas un complot permanent entre tous les mécréans de Bretagne, pour défendre et protéger leurs parents et amis, que je combats depuis vingt-cinq années.

Mes enfants, sachant bien que l'adjudication ne transmet à l'adjudicataire que les droits du saisi, n'ont pas formé de demande en distraction, pour que la valeur des biens fût fixée de manière à ne laisser contre nous aucun prétexte à accusation de fraude.

Cependant, quoique ces biens aient été adjugés le 26 juillet dernier 8,500 fr. seulement, et qu'il y ait parmi eux plusieurs pièces de terre qui ne m'ont jamais appartenu, nous craignons encore quelque nouvelle forfaiture dans cette affaire.

Voici un dernier procès, dans lequel le tribunal de Loudéac et la cour de Rennes ont porté plus loin que jamais l'audace et l'iniquité contre moi.

Mon beau-père était intéressé dans deux grandes entreprises de travaux publics à Glomel, lesquelles étaient séparées par une autre entreprise dirigée par M. Charles Beslay, mon ami d'enfance.

Ayant, le 10 novembre 1829, cédé l'une de ces entreprises à l'associé de mon beau père, celui-ci s'associa M. Beslay pour la continuer.

Quand nous fûmes déclarés en faillite, en mars 1830, l'administration des ponts-et-chaussées mit ces travaux en régie, sans aucune situation contradictoire ; en novembre suivant, bien que la faillite fût annulée depuis trois mois par la cour de Rennes, elle les réadjugea, les livra aux nouveaux entrepreneurs, et les laissa travailler deux ans sans aucune situation contradictoire avec nous.

A la fin, pourtant, des situations furent faites, en 1832, mais elles révélèrent l'existence d'un déficit considérable sur les matériaux approvisionnés par les premiers entrepreneurs.

Dans cet état, nous convînmes, M. Beslay et moi, de plaider à frais communs contre l'administration, et de désintéresser tous les créanciers de ces deux entreprises.

Etant occupé à la chambre des députés, M. Beslay me chargea de liquider ces affaires à Glomel, et il me remit ou fit remettre des sommes assez considérables pour cette liquidation.

Dans le principe, aucune convention n'était arrêtée entre nous pour le partage des créances payées par moi ; mais plus tard nous convînmes que je resterais propriétaire de ces créances, moyennant remboursement de ses avances, dont il me débita un compte-courant.

Me trouvant à Paris en 1846, il vint me prier de lui souscrire des billets à ordre, ce que je fis sur sa promesse de les payer lui-même à l'échéance si je n'étais pas en état de le faire.

Il les envoya à un de ses créanciers, mais *avec de simples endossements en blanc.*

Ces billets n'étaient pas encore échus, que M. Beslay m'écrivit, le 1er mai 1847, pour me proposer de me libérer personnellement, si je voulais lui abandonner les créances payées de ses fonds. J'acceptai sa proposition par ma lettre du 3, et, dès le 15, je lui remis sur son reçu les titres des créances payées.

Après avoir attendu plusieurs mois la remise de mes billets, comme il l'avait promis, j'écrivis à M. Beslay, le 12 octobre 1847, pour les lui demander sérieusement, avec menace d'assigner le porteur, s'il ne les faisait pas rentrer.

Kisouêt ont accepté sa succession purement et simplement, comme les premiers juges, mais elle déclare faussement en fait, en torturant l'acte de vente, que le sieur Lejoliff n'a pas contracté avec les vendeurs, *quoiqu'il soit subrogé dans leur privilége*, pour parvenir à décider en droit que je ne pouvais opposer au premier l'article 1653 du code civil.

Il suffit de lire avec attention l'acte de vente et l'article 1250 du code civil pour voir le mensonge de la cour de Rennes. Il n'y a pas d'acte de prêt, en effet, distinct de celui de vente, qui constate implicitement que le paiement a été fait dès le 10 mai, en l'absence de ma mère ; de sorte que la subrogation dans le privilége des vendeurs ne peut avoir été accordée que par ceux-ci, et par conséquent qu'il y a eu *convention* entre eux.

Les termes dans lesquels est conçu l'acte de vente expriment d'ailleurs très clairement en fait que ma mère n'a reconnu devoir et ne s'est obligée à payer 15,000 francs aux sieurs Lejoliff et Behier qu'EN CONSÉQUENCE de la déclaration des vendeurs qu'ils avaient reçu cette somme de ceux-ci, et APRÈS cette déclaration ; d'où il résulte que, si la vente est nulle, ceux qui ont reçu ces 15,000 francs doivent cette somme, comme si cette vente n'avait pas été faite, et que ma mère ne la doit pas.

Sur la seconde question, la cour a jugé, contrairement aux inscriptions du privilége, que ce privilége s'étendait aux droits réparatoires, *comme accessoires du fond* ; mais elle n'a rien jugé sur le mérite de l'action résolutoire des vendeurs de ces droits, laquelle action subsiste toujours après la perte du privilége, et n'est accordée par la loi que comme une dernière ressource après cette perte, le plus ordinairement.

Sur la troisième question, elle a décidé que *je ne prouvais pas* que le sieur Lejoliff eût vendu sa créance, parce que je ne savais pas même à qui il l'avait vendue ; décision absurde en présence des lettres de son mandataire, que j'ai encore, et des conclusions par lesquelles je demandais qu'on me fît connaître le cessionnaire, non désigné dans ces lettres, pour me faire connaître si j'avais des compensations à lui opposer. Il est à remarquer que j'avais accepté le transport par ma correspondance, et payé même une année d'intérêts au mandataire de ce cessionnaire.

On soutenait devant la cour que ce mandataire, espèce de notaire à St-Malo, en avait menti dans sa correspondance avec moi. Pour établir la vérité de ce qu'il m'avait écrit, je demandais à la mettre en cause ; mais la cour, qui savait bien qu'il n'avait pas menti, et qui voulait me condamner, a refusé d'autoriser cette mise en cause.

Sur la quatrième question enfin, sur laquelle elle se disait si bien instruite, la cour a jugé, en point de droit, que la créance privilégiée d'un vendeur d'immeubles était toujours indivisible ; et la raison c'est qu'un privilége est indivisible *à plus forte raison qu'une hypothèque!* découverte ingénieuse, qui avait échappé jusque là à tous les jurisconsultes, et qui doit immortaliser la cour de Rennes!

Je ne dirai rien aujourd'hui du reste de cet arrêt, et des insinuations malveillantes et inutiles qu'il contient, me bornant, pour prouver que j'avais bien l'usufruit du sieur Pasco *dans le convenant* et non dans son prix, à dire ici, ce que j'ai déjà dit dans mes autres plaintes, 1° que ce sieur Pasco acceptait le désistement de ma mère ; 2° qu'il n'avait pas autorisé à l'assigner en son nom ; 3° qu'après sa vente, j'allai formaliser au greffe un désaveu contre son avoué ; et 4° que, pour ne pas juger ce désaveu, et juger cependant ma mère, le tribunal de Loudéac l'avait extrait des qualités par un jugement antérieur à celui dont parle la cour, en disant dans ce jugement *qu'il n'était rien préjugé en ce qui le concerne.*

Malgré tous ces mensonges de la cour de Rennes, rien n'était vraiment jugé encore, puisque la nullité de la vente entraînant celle de l'obligation de ma mère n'avait pas été agitée devant elle, et qu'aucune action résolutoire n'avait encore été intentée à cette époque.

Je m'empressai en conséquence d'appeler devant le tribunal de St-Brieuc le sieur Carré Kisouët, vendeur du bien d'autrui, dans la forme indiquée par l'article 748 du code de procédure, en lui demandant, non pas la nullité de la saisie, mais le remboursement du prêt de la vente *nulle*, qu'il avait faite à ma mère, le 13 juillet 1836 ; et je signifiai le même incident aux poursuivants, par acte d'avoué, avec avenir pour y voir statuer contradictoirement avec le premier.

Mais ce tribunal, par jugement du 3 mars 1851, s'est déclaré incompétent pour juger cette nullité, comme si cette question de nullité n'était pas par la nature des choses le moyen le plus décisif dans l'affaire de saisie immobilière!

Il est sensible, en effet, que, si la vente est nulle, ma mère ne devait pas son prix, et que ce prix, payé deux mois avant l'acte et en son absence, par les sieurs Lejoliff et Behier, au sieur Carré Kisouët, devait leur être restitué par ce dernier.

Il est manifeste aussi que, si la vente est nulle, comme vente de la chose d'autrui, les sieurs Lejoliff et Behier n'ont pas de privilége de vendeurs, malgré la subrogation du sieur Carré, et que les vrais propriétaires, qui ne doivent rien aux premiers, ne peuvent être dépossédés par leurs poursuites.

D'où il résulte, en fait, que, par ce jugement, le tribunal de St-Brieuc, présidé toujours par M. Habasque, beau-frère de Joseph Boullé, et composé d'un autre beau-frère de M. Germain Boullé, frère de Joseph, et son avocat dans mon affaire, a vraiment jugé qu'il n'était pas compétent pour juger ma défense et celle de mes enfants, mais qu'il était bien compétent pour nous

Il me promit par écrit, dès le lendemain, de les demander au porteur, en me priant de ne pas assigner ce dernier, et le sur-lendemain il m'écrivit de nouveau pour me confirmer cette pro-messe.

Cependant les billets n'ont pas été rendus ; M. Beslay est tombé en faillite, mais il a obtenu un concordat.

Pendant tout ce temps je n'ai rien dit, parce que le paiement des billets ne m'a pas été demandé. A la fin pourtant, en jan-vier 1850, le porteur des billets m'écrivit pour m'engager à m'entendre avec lui pour le réglement des billets susdits.

Je me rendis chez lui, et lui expliquai nettement comment ces billets étaient payés et annulés par un transport de créance, ou plus exactement par un abandon au profit de Beslay des créances payées avec ses fonds.

En réponse à une seconde lettre du 2 février suivant, je lui répétai par écrit les mêmes explications.

Une année s'écoule encore, puis le même porteur me fait pro-poser par M. Beslay de me rendre à Paris, en avril suivant, pour arranger cette affaire, en me promettant de payer mon voyage.

Je m'y rends, il paie mon voyage, je présente un projet de traité qu'il refuse, puis il m'en présente un autre que je refuse à mon tour, parce qu'il m'obligeait solidairement avec Beslay au paiement des créances.

Une circonstance très remarquable, c'est que ce traité n'est autre chose qu'un transport déguisé, fait par Beslay au porteur des billets, des créances abandonnées par moi au premier, et dont l'abandon annulait mes billets, qui devenaient sans cause. Je n'eus pas souscrit ces billets, en effet, si je n'avais pas été re-connu propriétaire des créances payées avec l'argent de Beslay, n'étant originairement que son mandataire dans une affaire où je n'avais aucun intérêt personnel, n'étant pas héritier de mon beau-père.

Une autre circonstance plus remarquable encore, c'est que mon refus de signer ce traité était pressenti, car il exprime qu'il sera obligatoire pour Beslay malgré ce refus ; d'où il résulte qu'un créancier est parvenu par ruse à annuler un concordat qu'il avait souscrit, et à s'approprier des valeurs considérables qui restaient la propriété du failli, par cela seul qu'il n'était autre chose qu'un mandataire de ce dernier, d'après l'art. 138 du code de commerce, et que son mandat était même révoqué par le fait seul de la faillite.

Mais ce créancier est un receveur général, et ces gens-là savent bien qu'on leur passe bien des choses !

Malgré le refus de signer le traité, je n'ai été assigné au tribu-nal de Loudéac qu'un an après.

Là, on n'a pas cherché à nier que le porteur des billets fût autre chose que simple mandataire ; mais le tribunal de Loudéac, vou-lant me condamner, a déclaré vaguement, *contre l'évidence du fait*, que je ne *prouvais pas* avoir payé les billets à Beslay ; et comme je demandais la représentation des livres de Beslay, qui mentionnaient l'annulation conventionnelle de mes billets, à la date du 7 octobre 1847, d'après un compte remis par Beslay le 15 septembre 1850, on a refusé d'ordonner cette représentation, sous le prétexte évidemment dérisoire qu'il *s'agissait d'une affaire civile; dérisoire*, certainement, *et de mauvaise foi*, car l'affaire était commerciale entre Beslay et le porteur, et puis c'était dans une affaire non commerciale (un partage de succession), que la cour ordonna l'apport des livres de M. Bourdonnay, mon beau-père, qui n'était pas même héritier de son père, dont il s'agissait de partager la succession, puisqu'il était mort avant son père. Il n'y avait pas lieu ainsi à l'application de l'art. 14 du code de commerce.

Sur mon appel, la cour n'a pas osé dire que le porteur était propriétaire des billets, parce qu'il y eût eu violation manifeste de l'art. 138 du code de commerce, et partant ouverture a cassation; mais, voulant me condamner à tout prix, elle a poussé l'impudence jusqu'à dire, en torturant les faits dont elle avait la preuve écrite sous les yeux, « qu'il n'était aucunement justifié qu'au
» mois d'octobre 1847 Ch. Beslay ait entendu que, par le seul
» fait de la remise des titres et des pièces dont il a reconnu qu'il
» était alors devenu détenteur, Durand Vaugaron devait être im-
» médiatement libéré de la dette constatée par les billets à ordre
» qu'il avait antérieurement souscrits, et dont le paiement est
» maintenant poursuivi contre lui; qu'il résulte au contraire des
» faits et des documents de la cause, que cette libération ne de-
» vait être que la conséquence de la réalisation des créances
» cédées et des moyens que cette réalisation fournirait pour
» rembourser et pour retirer les billets que Durand Vaugaron
» savait être entre les mains d'un tiers, sans connaître encore
» l'irrégularité de l'endossement par lequel ils avaient été trans-
» mis ; qu'en l'absence de toute quittance, de toute décharge,
» de toute stipulation précise, il est impossible de supposer que
» Beslay ait entendu considérer comme un paiement actuel, im-
» médiatement et définitivement libératoire, une remise de titres
» de créance dont la cession n'était pas même régulièrement
» formalisée, et dont la réalisation était éventuelle, au moins
» quant à l'époque où elle pouvait être obtenue, en restant seul
» et unique débiteur des billets à échéance fixe, qui avaient été
» souscrits à son profit.

» Que les réglements de compte qui ont pu intervenir entre
» Ch. Beslay et Durand Vaugaron postérieurement à la faillite
» de Ch. Beslay, à l'époque où l'intimé a été admis au passif de
» cette faillite pour le montant des billets dont il était porteur,
» et aux démarches par lui faites auprès de D. Vaugaron pour
» en obtenir le paiement, doivent être justement réputés
» suspectes, et non de modifier la situation antérieure; que les
» prétentions respectives pouvant être dès à présent appréciées,

» la communication des livres de Ch. Beslay et de Latimier Du-
» clésieux est inutile et prolongerait sans fruit le débat.

» Que l'acceptation par Latimier Duclésieux d'un nantisse-
» ment qui lui était donné par C. Beslay, n'a pu produire par
» elle-même une novation ou une substitution de créance qui
» n'avait pas plus été stipulée entre Vaugaron et Beslay, qu'elle
» ne l'a été entre ce dernier et Latimier Duclézieux.

» Que le bordereau du 5 février 1850 et l'acte du 15 avril 1851,
» lesquels, s'ils ne sont enregistrés, devront l'être en même temps
» que le présent arrêt, sont devenus pièces du procès actuel,
» mais qu'ils n'appartiennent pas à Durand Vaugaron, et que
» par conséquent celui-ci n'a aucun droit d'en demander le
» dépôt dans l'étude d'un notaire. »

Peu de mots suffiront pour faire ressortir la mauvaise foi de cet arrêt.

D'abord, la lettre de Beslay, du 1er mai 1847, me propose *très
clairement* ma libération, si je veux le reconnaître propriétaire
des créances payées avec son argent, et cela sans aucune réserve ; ce qui était évidemment juste, nul ne pouvant avoir tout
à-la-fois la chose et le prix.

Pourquoi la cour ne parle-t-elle pas de cette lettre, de ma réponse du 3 mai, et de ma seconde lettre du 15, contenant au
pied le reçu des titres, avec une réserve importante au profit de
la succession Bourdonnay ?

En second lieu, il est bien exprimé dans ces lettres que je ne
cède pas à Beslay des créances qui étaient ma propriété, mais
que je reconnais les avoir remboursées pour son compte et avec
ses fonds, ce qui est bien différent, et ce qui ruine l'argument
de la cour, en ce qu'il n'y avait aucune *cession à régulariser*.

Troisièmement, ma lettre du 12 octobre 1847, produite par
Beslay, et ses deux billets des 13 et 14 en réponse, par lesquels
il promettait de me rendre les billets *actuellement*, sont aussi
une preuve sans réplique de l'existence de la convention que nie
la cour sur le vu des pièces.

Il est même à remarquer que ma lettre du 12 octobre précitée
rappelle à Beslay une conversation antérieure de quelques jours,
dont nous allons parler tout-à-l'heure.

Si le compte que m'a remis Beslay le 15 septembre 1850, et
qui mentionne l'annulation de mes billets, est postérieur à sa
mise en faillite, il fixe la date de cette annulation au 7 octobre
1847, c'est-à-dire *avant la faillite*.

Cette date est-elle vraie ? pour le savoir, il fallait ordonner
l'apport des livres, qui ont nécessairement été arrêtés par les
syndics lors de la faillite.

Mais la cour, qui n'en doutait pas, et qui ne voulait pas s'en
instruire, pour me condamner, a refusé, bien entendu, l'apport
de ces livres !

Le 7 octobre 1847 est précisément le jour de la convention
verbale rappelée dans ma lettre du 12.

D'ailleurs, Duclézieux n'étant que mandataire de Beslay, son mandat avait cessé le jour même de la mise en faillite de Beslay, et ce dernier, resté propriétaire de mes billets, pouvait les annuler après son concordat aussi bien qu'après sa faillite.

En droit, la fraude ne se présume pas. En fait, elle était ici impossible; Duclézieux, comme propriétaire de mes billets, devant préférer, comme Beslay, les créances à ces billets, que je n'étais pas en état de payer. La cour, qui savait bien tout cela, mais qui voulait me condamner à tout prix, n'a pas osé annuler comme frauduleux le compte du 15 septembre 1850; mais elle a insinué vaguement qu'il lui était *suspect*, comme si ce mot *suspect* signifiait quelque chose dans l'espèce.

Beslay n'a pu devenir propriétaire des créances qu'en annulant mes billets, comme il l'a fait le 7 octobre 1847, après l'avoir promis le 1er mai, car il y a eu de ma part *reconnaissance de son droit antérieur de propriété sur ces créances*, et non mise en gage.

Beslay, postérieurement à son concordat, a bien pu donner en nantissement à Duclézieux des créances qui étaient sa propriété, mais il n'a pu les lui donner en gage que pour ses dettes personnelles, et nullement pour des billets qui sont annulés par le fait même qui le rend propriétaire des créances *mises en gage*.

De son côté, Duclézieux, qui était créancier de Beslay par compte quand il a reçu les billets comme mandataire, n'a pu accepter en nantissement de Beslay seul, les créances payées par moi pour Beslay, sans reconnaître *ipso facto* l'annulation des billets qu'il était chargé de recouvrer pour compte de Beslay, comme son mandataire.

Enfin, la cour n'ose pas dire que Duclézieux est propriétaire des billets, parce qu'elle sait bien que le fait est faux. Elle fait même semblant, dans ses considérants, de le regarder comme un mandataire; mais, par une contradiction révoltante, parce qu'elle est astucieuse, elle le déclare propriétaire des billets, *en me condamnant à les lui payer!*

Duclézieux produit contre moi deux titres qui ruinent son système, comme on vient de le voir. J'en demande le dépôt chez un notaire, pour en prévenir la soustraction, et vous les soumettre. La cour veut bien m'accorder qu'elles sont devenues *pièces communes;* mais, au lieu d'en conclure qu'elles doivent être déposées dans un lieu sûr, comme je le demande, elle refuse d'en ordonner le dépôt, *parce que je n'en suis point propriétaire;* dérision amère, car, si j'en étais propriétaire, je n'aurais pas besoin d'elle pour les déposer chez un notaire.

Une observation décisive va prouver sans réplique l'iniquité de l'arrêt ci-dessus.

D'après l'article 450 du code Napoléon, les créances dont s'agit auraient été la propriété de mon fils mineur, et non la mienne, si je ne les avais pas payées des fonds de Beslay. J'ai bien pu reconnaître un fait vrai pour mon fils, qui n'a pas d'intérêt à acheter des créances sur une société dont il prétend que son grand-père n'a consenti à faire partie que par suite d'un dol pratiqué envers lui ; mais je n'aurais pas eu droit de donner en nantissement à mon créancier personnel, des créances appartenant à mon fils mineur! Je ne l'ai pas fait, cela est clair comme le jour ; mais, l'eussé-je fait, la cour, en me condamnant à payer les billets à Duclézieux, devait condamner Beslay à me remettre les titres ; ce qu'elle a refusé de faire par le même arrêt!

Voilà comment, en torturant les faits et en violant la loi, la cour de Rennes est parvenue à me condamner personnellement à payer à un ancien mandant des avances par lui faites pour acheter et payer des créances dont il a approuvé l'acquisition, avec promesse expresse de libérer son mandataire!!

J'ai oublié d'exposer plus haut que, le 7 février 1852, le procureur impérial de Loudéac m'a fait arrêter pour des dépens compris dans l'amnistie du 29 février 1848, bien que ces frais eussent été payés d'avance par moi et au-delà, dès le 2 juillet 1845, et en outre pour le coût de deux commandements périmés, c'est-à-dire anéantis par le fait de l'administration, et enfin pour le coût de deux bordereaux hypothécaires.

Conduit en référé, sur ma demande, le président du tribunal de Loudéac, a eu l'indignité de me faire écrouer sans procès-verbal, au mépris de l'art. 23 de la loi du 17 avril 1832, que j'invoquais devant lui.

Il faisait semblant de prendre note des divers moyens présentés par moi, puis, quand j'eus fini, il déclara *verbalement*, sans autre explication, QU'IL DÉCIDAIT qu'il fallait payer toute la somme, me fit conduire en prison *avant de prononcer son ordonnance*, puis, en la rédigeant, il fit semblant d'oublier les moyens qui lui paraissaient sans réplique!

J'ai été ainsi emprisonné, le 7 février 1852, pour payer une dette éteinte par le paiement dès le 2 juillet 1845, anéantie par le décret du 29 février 1848, et augmentée d'une somme considérable, pour laquelle la contrainte par corps ne pouvait, dans aucun cas, être exercée, d'après l'art. 23 de la loi précitée.

A la vérité, j'ai payé ces sommes en prison ; mais c'est précisément par ce que j'ai payé que j'ai éprouvé un double préjudice, la perte de ma liberté et celle de mon argent !

Je vous ai envoyé le procès-verbal du 2 juillet 1845, avec ma requête du 19 mai 1853 ; mais je n'ai pu vous envoyer ceux des 15 novembre 1850 et 7 février 1852, par la raison décisive qu'il n'en a pas été fait, ou du moins qu'aucune copie ne m'en a été remise ; ce qui ajoute beaucoup à la gravité des faits.

J'ai oublié aussi une autre ordonnance de référé, rendue par le même président, en février dernier, dans l'affaire des meubles vendus sur mes enfants pour mes contributions personnelles.

En décidant, en référé, le 14 février, que l'appel du jugement de St-Brieuc suspendait l'exécution de ce jugement, pour les dommages-intérêts et les dépens prononcés contre mes enfants, il décidait évidemment que les objets saisis les 28 et 29 janvier précédent ne pouvaient être vendus, puisque le procès-verbal de saisie exprimait lui-même qu'elle était faite, non pas pour mes contributions comme la première, *mais uniquement pour la nouvelle créance résultant du jugement*, et pratiquée contre mes enfants, dans deux maisons leur appartenant privativement, à une grande distance de la mienne !

Cependant, il a eu l'audace de décider par cette seconde ordonnance, malgré les énonciations et les faits ci-dessus qui ne permettaient aucun doute, que la seconde saisie était *une suite de la première ;* expression équivoque et astucieuse, qui ne prouvait rien contre la première ordonnance et les moyens ci-dessus, mais qui lui évitait la honte de se déjuger, en ordonnant que tout fût vendu, parce qu'il le voulait pour assouvir sa haine, et qu'il ne pouvait s'expliquer plus clairement sur mes moyens sans tomber dans les contradictions les plus grossières !

Il est ainsi parvenu de cette manière à ordonner contre mes enfants, l'exécution provisoire d'un jugement qui ne la prononçait pas, et ne pouvait la prononcer, pour les dommages-intérêts et les dépens, et *après avoir lui-même reconnu tout cela dans une première ordonnance !*

Mais voici d'autres faits bien plus extraordinaires encore, et plus audacieux bien certainement, si la chose était possible.

Vous avez vu plus haut que le tribunal de St-Brieuc, réformant le 22 avril dernier, un jugement du tribunal de Loudéac, m'avait condamné à trois mois de prison pour outrages envers un huissier, et que je m'étais pourvu immédiatement contre ce jugement, faussement qualifié contradictoire, en portant plainte en faux contre le tribunal.

Vous avez aussi qu'après avoir fait dire au témoin Lerault, que je l'avais outragé le 14 mars, on m'a fait un second procès à Loudéac, et que j'ai été condamné par défaut, le 12 mai dernier, n'ayant reçu mon assignation à Rennes, où j'étais alors, que le même jour 12 mai.

Voyant le danger de conserver mon domicile là où je ne pouvais être, je fis déclarer au maire de Perret, le 17 mai, que je transportais mon domicile à Rennes ; fait qui est prouvé par son certificat ci-joint.

Cependant, le 24 mai, on me fit signifier le jugement par défaut à Perret, en parlant à mon fils, qui déclara à l'huissier que j'avais transféré mon domicile à Rennes ; mais ce dernier lui laissa la copie sans *consigner sa déclaration, qui était une signification légale de mon changement de domicile.*

M'étant aperçu dans le même temps que mon pourvoi contre le jugement du 22 avril n'était pas recevable, par cela seul que ce jugement était par défaut, bien qu'il fût faussement qualifié contradictoire, je crus devoir me désister de ce pourvoi, par une requête adressée par moi à M. le procureur général ; et je signifiai le 6 juin une opposition à ce même jugement, avec assignation pour l'audience du 10.

Ayant dès lors relevé appel du second jugement du 12 mai, je fis avant l'audience une récusation des cinq membres du tribunal qui avaient rendu le jugement du 22 avril, en indiquant les motifs de cette récusation ; notamment celui résultant de ce qu'ils avaient un intérêt personnel dans la décision de la question de savoir si ou non leur jugement du 22 avril était faux ; et je déposai à l'audience des conclusions écrites, par lesquelles je demandais la jonction des deux affaires pour cause de connexité, et interpellais ensuite le ministère public, *ma partie adverse*, de déclarer si ou non il entendait se servir contre moi du jugement du 22 avril, pour prouver qu'il était contradictoire, et de l'exploit du 21 mai, pour prouver que le jugement du 12 m'avait été signifié légalement, en lui déclarant qu'en cas de réponse affirmative, je m'inscrirais en faux contre ces deux actes, et qu'en cas de réponse négative, je demanderais leur rejet du procès, en vertu des articles 458 et 459 du code d'instruction criminelle.

Le ministère public répondit verbalement *qu'il ne répondrait pas, parce que je n'avais pas droit de l'interpeller* ; après quoi le tribunal, *composé des juges récusés*, me débouta de mon opposition, en déclarant son premier jugement *contradictoire*, et ma récusation *trop frivole pour s'y arrêter*.

Un fait très grave à noter ici, c'est que le président insistait beaucoup à l'audience pour que je lui disse sur quels motifs cette récusation était fondée, afin de me faire un nouveau procès d'outrages ! heureusement pour moi, j'aperçus sa ruse, et je lui répondis que la loi ne m'obligeait pas à m'expliquer à cet égard en audience publique, qu'il pouvait se faire apporter l'acte du greffe, etc.

De nombreux témoins attesteront ces faits, ainsi que le dépôt de mes conclusions écrites.

M'étant pourvu immédiatement contre ce second jugement, j'ai demandé, dans mon acte de pourvoi, que mes conclusions écrites fussent jointes au dossier. On va voir bientôt que mon pressentiment à cet égard était bien fondé.

Je croyais les deux dossiers à Paris quand j'ai reçu à Rennes, mon domicile, assignation pour comparaître à St-Brieuc, le 8 juillet, à l'effet de voir statuer sur mon appel du jugement du 12 mai et sur celui que le ministère public déclarait, par le même acte, relever à minimâ du même jugement.

Convaincu par expérience que j'étais condamné d'avance par ce tribunal, je ne crus pas devoir me présenter ; et il fut rendu un jugement par défaut qui rejetait mon appel *comme tardif*, sans s'expliquer sur mon interpellation du 10 juin au ministère public, au sujet de l'exploit de signification du jugement appelé, lequel devait être rejeté du procès, par cela seul que le ministère public n'y avait pas répondu, et sans parler de ma récusation dudit jour 10 juin.

Ce jugement m'ayant été signifié à Rennes, le 22 juillet, je me suis rendu à St-Brieuc, dès que les délais de l'opposition ont été exposés pour formaliser mon pourvoi ; et, ayant pris communication du jugement du 10 juin, j'y ai vu, pour surprise et indignation, non seulement que mes conclusions écrites n'y sont pas consignées, mais encore qu'on les a dénaturées de mauvaise foi.

Il n'est pas dit dans ce jugement, en effet, que j'ai demandé la jonction des deux affaires pour cause de connexité, que j'ai récusé *les juges dans ces deux affaires*, que j'ai refusé de répondre aux questions du président, en lui disant en propres termes que, *l'ayant récusé avant l'audience, je lui contestais tout pouvoir jusqu'à ce qu'il n'eût été statué sur ma récusation*, et enfin que j'ai fait au ministère public, les interpellations prescrites par les articles 458 et 459 du code instruction criminelle, non seulement pour le jugement du 22 avril, mais encore pour l'exploit précité du 21 mai, et cela dans les termes indiqués par ces articles.

Je tire de ces faits la conséquence que mes conclusions déposées auront été supprimées par le tribunal ; mais je n'ai pu vérifier ce dernier fait, le dossier n'étant plus au greffe de la cour de cassation quand je suis arrivé à Paris le 17 août. Je l'ai réclamé au ministère, d'après le conseil qui m'a été donné au greffe ; mais je ne sais si on fera droit à ma réclamation.

Il est certain que j'ai déposé des conclusions écrites au tribunal de St-Brieuc le 10 juin ; et j'en offre la preuve testimoniale, la seule qui soit possible, puisque le tribunal a commis un faux (*dont je porte plainte*), en les dénaturant de mauvaise foi dans son jugement.

Ces conclusions déposées par moi devaient nécessairement être consignées dans le jugement, et le fait de les dénaturer pour me priver des moyens de cassation qui m'étaient acquis, soit parce qu'il n'y aurait pas été statué, soit parce qu'il y aurait eu violation de la loi en y statuant, constitue un crime véritable, le crime de faux.

D'un autre côté, le fait de les supprimer pour m'empêcher de prouver ce faux, constitue un second crime, prévu par l'article 173 du code pénal.

Je porte plainte contre le tribunal de St-Brieuc pour ces deux crimes, parce qu'ils m'ont privé de plusieurs moyens de cassation sans réplique, dans les deux affaires, et qu'ils m'ont causé par là un préjudice considérable.

Si mes conclusions avaient été consignées dans le jugement du 10 juin, en effet, la chambre criminelle aurait vu qu'il y avait connexité entre mes trois pourvois ; et elle n'eût eu aucun prétexte pour refuser d'attendre l'arrivée du dernier dossier pour statuer sur le tout en même temps; et elle eût nécessairement cassé le jugement du 22 avril. pour fausse application de la loi pénale, dans le cas même où elle ne l'eût pas déclaré faux. Si elles y avaient été consignées, le jugement du 8 juillet serait nécessairement cassé aussi, par les mêmes motifs, ma récusation s'appliquant aux deux affaires, et ma sommation au ministère public portant sur l'exploit du 21 mai, comme il est dit plus haut.

Je sais bien que, malgré la déchéance prononcée contre moi le 4 août dernier pour les premiers pourvois, mes moyens sont réservés dans les deux affaires, mais c'est précisément pour cela que je suis obligé de porter plainte contre le tribunal de St-Brieuc, puisque le jugement fait foi jusqu'à inscription de faux, et que ma plainte est le seul mode de procéder contre lui pour obtenir la réparation du préjudice qu'il m'a causé.

Je suis convaincu que la chambre criminelle n'a prononcé contre moi la déchéance dont je viens de parler que pour se dispenser de statuer sur les questions ci-dessus, et sur ma plainte en faux contre le jugement du 22 avril dernier; mais, malgré son arrêt, ma plainte subsiste, et, si ce premier crime a été commis, il doit être puni comme les autres. Il est de fait même que ces trois crimes ont été commis par les mêmes hommes, par suite d'un concert existant entre eux depuis longtemps, pour parvenir à me priver de ma liberté, et qu'une seule instruction les prouvera tous en même temps.

Il est manifesté, en effet, que je n'avais commis aucun délit, que le tribunal le savait bien, et que c'est pour m'empêcher d'en faire la preuve, en appelant à une autre audience le gendarme Jean et les autres témoins à décharge, que le tribunal de St-Brieuc m'a refusé une remise, le 22 avril, et qu'il a faussement qualifié son jugement contradictoire.

C'est pour m'empêcher de prouver ce faux, incidemment à mon opposition du 6 juin, que les juges récusés ont statué eux-mêmes sur cette opposition, le 10 juin, et qu'ils ont violé les articles 458 et 459 du code d'instruction criminelle.

C'est enfin pour m'empêcher de faire casser ce dernier jugement qu'ils ont dénaturé et supprimé les conclusions écrites, déposées par moi à cette audience.

Mais la chambre criminelle voulait étrangler l'affaire; et dès lors, bien loin de consentir à attendre le dernier dossier pour statuer sur la demande de jonction des trois pourvois, comme je le demandais par une lettre explicative jointe à ses arrêts du 4 août, elle s'est empressée de me déclarer déchu des deux premiers, avant de savoir si réellement les deux affaires étaient connexes, ou plutôt parce qu'elle le savait fort bien d'après ma lettre!

Ce qui prouve sa mauvaise foi dans la circonstance, c'est qu'elle me condamne à une amende de 165 francs pour le premier pourvoi, *dont je m'étais désisté!*

Elle dit, il est vrai, pour cacher cette iniquité, 1° que mon désistement n'est pas pur et simple : 2° qu'il n'est constaté que par une lettre ; mais ces deux allégations sont fausses, et leur fausseté est établie par les pièces annexées aux deux arrêts !

Ma requête du 12 mai, en effet, contient elle-même ce désistement *qui est pur et simple ;* et, si ma lettre d'envoi au procureur général en fait mention, cette mention, tout-à-fait surabondante, ne pouvait détruire ma requête, QU'ELLE CONFIRMAIT !!

D'un autre côté, j'avais droit de la soumettre à la cour, *sans avocat*, d'après l'article 424 du code d'instruction criminelle. *Elle était ainsi pièce du procès.*

Enfin, malgré mon désistement du pourvoi, ma plainte en faux devait être jugée ; cependant il n'en est pas dit un mot dans l'arrêt !

Heureusement pour moi, un arrêt du 7 décembre 1844 prouve avec la dernière évidence que la chambre criminelle sait fort bien que le désistement d'un pourvoi ne la dispense pas de statuer sur la plainte qui y est jointe ; ce qui n'est pas douteux du reste, d'après l'article 486 du code d'instruction criminelle.

Mais ce qui a suivi est bien plus criminel encore.

Arrivé à Paris le 17 août dernier, avec le dossier de mon dernier pourvoi criminel, j'ai déposé au parquet, le 7 septembre suivant, une requête terminée comme suit :

« J'ai dit plus haut que la requête ci-jointe, adressée par
» moi le 19 mai dernier à M. le procureur général se ratta-
» chait plus naturellement à l'affaire actuelle qu'à celle dont
» la chambre civile est saisie ; et qu'ainsi, puisqu'elle n'a
» pas encore été soumise à la chambre civile, je dois la joindre
» à la présente.

» Un seul des faits y exposés, en effet, l'enlèvement de l'arrêt
» d'admission au greffe de la cour de Rennes, en 1845, a du
» rapport à l'affaire civile, tandis que tous les autres sont évi-
» demment connexes à ceux exposés ci-dessus, le grand complot
» judiciaire, organisé en Bretagne contre moi dès 1830, ayant
» pour but de me dépouiller et de m'emprisonner pour me
» mettre dans l'impossibilité de me défendre.

» Deux avocats m'ont été successivement désignés pour si-
» gner mes requêtes, MM. De La Boulinière et Henri Hardouin.
» Ils étaient tous les deux absents le 17 août dernier, et ils ne
» sont pas de retour encore. La chambre, à laquelle je me suis
» adressé dès le 23 août, m'a fait répondre par un de ses mem-
» bres qu'elle n'était plus en nombre. Enfin, M. Hardouin prétend,
» m'a-t-on dit, qu'il n'a été nommé que pour les pourvois jugés le
» 4 août dernier.

» Dans cet état, ma défense est impossible, car il faut que je
» me constitue prisonnier pour que mon pourvoi soit admis, et
» que mes requêtes soient signées d'un avocat, en ce qui con-
» cerne les prises à partie au moins.

» Par ces diverses considérations, j'ai l'honneur de conclure
» à ce qu'il plaise à la cour, *avant autrement faire droit sur le*
» *pourvoi* dont elle est saisie, me décerner acte de ma plainte
» contre les tribunaux de Loudéac et de St-Brieuc, déclarer les
» faits de cette plainte connexes à ceux de mes précédentes
» plaintes, notamment de celle du 19 mai dernier, et, statuant
» sur le tout par un seul arrêt, ordonner qu'il soit informé de
» tous les faits de ces diverses plaintes, et que les pièces soient
» apportées à son greffe; m'autoriser à prendre à partie par la
» voie civile, en vertu des articles 2063 du code Napoléon, et
» 505 du code de procédure, 1° la première chambre civile de la
» cour de Rennes, qui a rendu l'arrêt du 29 août 1842; 2° la
» chambre criminelle de la même cour, qui a rendu celui du 13
» septembre 1845; 3° la chambre criminelle qui a rejeté mon
» pourvoi contre cet arrêt, le 24 avril 1846 (1); 4° M. Plougoulm,
» qui m'a fait arrêter sans cause légitime, le 2 juillet 1845;
» 5° le président du tribunal de Rennes, qui a ordonné mon
» emprisonnement le même jour, après s'être assuré au greffe
» de la cour qu'il n'y avait pas d'arrêt contre moi; 6° le procu-
» reur impérial de Loudéac, qui m'a fait arrêter à Rennes le 15
» novembre 1850, et à Loudéac le 7 février 1852;... et 7° enfin,
» le président du tribunal de Loudéac, qui a ordonné mon em-
» prisonnement *sans procès-verbal*, ledit jour 7 février 1852;
» ordonner qu'il me soit désigné un avocat, ou bien admettre la
» présente dans la forme, et me permettre de me défendre
» moi-même à l'audience. »

D'après ces conclusions, plusieurs des membres de la chambre
criminelle étaient vraiment parties au procès, dans le sens le
plus rigoureux du terme, et dès lors la loi et leur propre jurisprudence leur défendaient de juger en leur propre cause, à
peine de nullité du jugement, et cela sans récusation des parties.

Cependant ils se sont permis de me déclarer déchu de mon
pourvoi, le 14 octobre courant, parce que je n'avais pas consigné
d'amende, et que je ne m'étais pas constitué prisonnier, SANS
STATUER ENCORE SUR MES PLAINTES.

Les circonstances dans lesquelles a été rendu cet arrêt
ajoutent encore à la criminalité du fait d'avoir jugé dans leur
propre cause.

1° M. Hardouin, de retour à Paris, m'ayant dit qu'il voulait
bien plaider mon pourvoi, mais qu'il ne pouvait pas se charger
de ma prise à partie, parce qu'il n'était pas désigné d'office, et
parce que M. de la Boulinière, au contraire, en était chargé,
je demandai à M. le procureur général qu'il me fût désigné un
avocat en place de M. de la Boulinière, ou bien qu'on attendît

_____

(1) Il ne faut pas oublier que l'arrêt du 24 avril 1846 a été rendu sept
mois et 12 jours après mon pourvoi. D'après cela, l'article 425 du code
d'instruction criminelle est comminatoire.

son retour pour me juger, et ce magistrat envoya immédiatement ma demande au greffe, pour être jointe au dossier !

2° Ayant entendu dire au greffe, le 13 octobre, qu'il avait été parlé de ce que je n'avais pas consigné l'amende, je rédigeai immédiatement des conclusions tendantes à ce qu'il fût dit que les articles 420 et 421 du code d'instruction criminelle, n'étaient pas applicables aux citoyens qui portent des plaintes contre les tribunaux, et que, dans l'espèce, mes plaintes étaient *non seulement distinctes de mon pourvoi, mais encore essentiellement préjudicielles à ce pourvoi!*

3° D'après un réglement récent, affiché dans la chambre des avocats, et signé du greffier en chef, les causes ne peuvent être jugées à la chambre criminelle, si elles n'ont pas été affichées d'avance dans un tableau qui se trouve au greffe et dans l'auditoire.

Or, ma cause n'y était pas encore le 14 au matin, et le greffier me dit qu'il ne pensait pas qu'elle vînt avant la rentrée, *parce que le rapport n'était pas déposé.*

Il y a plus encore, c'est que je me rendis à l'audience, par excès de précautions, et qu'on ne s'occupa de moi qu'après 2 heures, *quand je fus parti dans la sécurité la plus complète.*

Pourquoi toutes ces ruses ?

Parce qu'on ne voulait pas que je plaidasse l'incident, et surtout que je pusse consigner l'amende immédiatement après l'arrêt interlocutoire, et me constituer de suite. On voulait encore m'étrangler !!!

Je suis à même de prouver par témoins, 1° que mon affaire n'était pas affichée ; 2° que le greffier me dit qu'elle ne viendrait pas ; 3° que j'avais pris la précaution de porter de l'argent dans ma poche ; et mes conclusions incidentes expriment que je me proposais d'exécuter l'arrêt interlocutoire immédiatement.

La preuve sans réplique qu'il devait être statué sur mes plaintes tout d'abord, c'est que la même chambre y a statué deux fois, les 22 septembre 1843 et 7 décembre 1844, sans mise en état et sans amende !

J'ai ainsi été jugé par mes parties adverses, qui ont usé de dol pour m'empêcher de me défendre moi-même, et qui ont profité de l'absence de mon avocat pour rendre un arrêt inique, en leur faveur et dans leur propre cause !

J'ai remarqué que M. Plougoulm s'était fait remplacer par un conseiller.

Mais ces derniers faits, tout graves qu'ils sont, ne forment, pour ainsi dire, qu'un épisode, dans le grand complot juridique, organisé contre moi depuis tant d'années.—En 1830, on me déclare en faillite à Pontivy, et on nomme les avocats de mes adversaires syndics de cette faillite, pour m'empêcher de prouver que mon acceptation de la succession de mon beau-père est le résultat d'un dol pratiqué envers moi.

Il faut plaider deux ans pour faire annuler ce jugement, parce que le premier arrêt ne statue que sur un moyen de compétence.

Après l'arrêt définitif, qui condamnait les syndics aux dépens, je leur demande ces dépens et le compte de leur gestion.

Ils refusent de payer, en disant qu'ils n'ont pas condamné en leurs privés noms, mais seulement comme syndics, et que les dépens doivent ainsi être payés, non par eux, mais par les créanciers qui les ont nommés.

Je mets alors ceux-ci en cause, pour faire juger la question contradictoirement avec toutes les parties; mais quelques-uns d'entre eux soutiennent, dans leurs conclusions, n'avoir jamais donné mandat pour prendre part aux opérations de cette faillite.

L'un des syndics ayant pourtant signé pour eux plusieurs procès-verbaux, je crois qu'il y a collusion entre eux; et, pour la déjouer, je porte plainte en faux contre lui.

La cour de Rennes se déclare incompétente pour juger l'affaire, et la renvoie à qui de droit, en décernant acte de ma plainte, et des réserves de me poursuivre à cause de cette plainte; *mais sans en déclarer les faits étrangers à la cause.*

Cela voulait dire que la cour était incompétente *pour le tout;* mais à Rennes on me condamne par diffamation, avant le jugement de procès civil, et on me prive de ma liberté! on m'interdit ensuite pendant une année pour la même affaire.

Malgré toutes ces persécutions, j'obtiens de la cour de Rennes, en 1837, ma restitution contre l'acceptation de la succession de mon beau-père; mais on organise bientôt de nouveaux complots contre moi, pour m'empêcher de faire exécuter cet arrêt, qui est à peu près inexécutable, et, dès 1842, on imagine de me poursuivre à Loudéac pour abus de confiance, *sans aucune plainte.*

Je réussis en appel à faire réformer le jugement rendu contre moi en première instance; après quoi, indigné, je porte plainte en forfaiture contre les juges du tribunal de Loudéac et de celui de Pontivy, pour les faits ci-dessus.

Le tribunal de Pontivy n'ayant rien dit, ma plainte à son égard est restée sans suites; mais celui de Loudéac ayant réclamé, le ministre de la justice a ordonné au procureur général de faire statuer par la cour de cassation, *non pas pour rendre justice à qui de droit,* mais pour me poursuivre pour dénonciation calomnieuse. Il le dit lui-même dans sa lettre!

La cour de cassation statue sur une partie des faits et les suppose vrais. La cour de Rennes statue sur les autres et les déclare *faux et absurdes, sans en rechercher aucune preuve;* après quoi, on me poursuit pour dénonciation calomnieuse, sur la plainte du tribunal et des faux témoins.

Je veux prouver en police correctionnelle la vérité des faits dénoncés par moi, mais on refuse ma preuve, sous le prétexte, évidemment faux, qu'il y a chose jugée sur la fausseté des faits de ma plainte; et on me condamne au maximum des

4

peines, augmenté d'une amende de 1000 francs, *par corps*, pour récusation!

Déjà, par un précédent arrêt du 29 août 1842, la même cour m'avait aussi condamné *par corps* à une autre amende de récusation; mais ma requête contre cet arrêt ayant été admise, on est parvenu à me soustraire, au greffe ou au parquet de la cour de Rennes, la grosse de cet arrêt, pour me mettre dans l'impossibilité de faire statuer par vous.

Enfin on me condamne aujourd'hui encore à l'emprisonnement pour des délits imaginaires, et on imagine tous les méfaits exposés plus haut, pour m'empêcher de faire casser les jugements rendus contre moi.

J'ai porté plainte en forfaiture contre la chambre criminelle par deux requêtes imprimées des 30 juin 1845 et 17 mai 1847, que je joins à la présente.

La chambre des pairs s'est déclarée incompétente, le 31 juillet, pour y faire droit; et par conséquent, ces plaintes, dont je ne me suis jamais désisté, subsistent encore aujourd'hui. (Voir le Moniteur du 1er août 1847.)

M'étant constitué partie civile sur ces plaintes, il y a vraiment procès criminel entre moi et la chambre criminelle dans le sens de l'article 378 du code de procédure, et procès connexe aux deux autres, *indépendamment de mon action purement civile en prise à partie pour la contrainte par corps;* ce qui est bien expliqué dans la requête du 19 mai dernier, que j'ai envoyée de Rennes à M. le procureur général, et que je joins à la présente.

Dans cet état, saisis dès 1847, d'une plainte connexe, vous vous trouvez nécessairement saisis de toutes mes plaintes, attendu leur indivisibilité; et, comme la chambre des pairs n'existe plus aujourd'hui, vous êtes nécessairement les juges de vos collègues de la chambre criminelle, quelque pénible que cette mission puisse être pour vous.

Vous remarquerez, en effet, que je ne m'étais adressé à elle, non pas en vertu des articles 28 et 47 de la charte, qu'elle invoque contre moi, mais seulement en vertu de l'article 23, parce que plusieurs membres de la chambre criminelle étaient pairs de France, et qu'ils entraînaient les autres devant cette juridiction exceptionnelle, d'après une jurisprudence constante.

La chambre des pairs s'était ainsi trompée le 31 juillet 1847. Vous n'étiez pas liés par son erreur; et, si je vous avais saisis, le 27 septembre suivant, de ma plainte contre la chambre criminelle, vous vous fussiez vraisemblablement déclarés incompétents, en vertu de l'article 29 de la charte; ce qui eût été un conflit négatif insoluble, faute de juges pour le vider.

Mais aujourd'hui ce conflit n'est plus possible, et je vous soumets en conséquence toutes mes plaintes en même temps, en vous priant de remarquer que ma lettre du 25 août dernier au ministre de la justice, que je joins à la présente, prouve avec la dernière évidence que je désirais éviter de prendre ce parti, et qu'ainsi c'est par nécessité que je vous soumets aujourd'hui mes plaintes.

Par ces diverses considérations, j'ai l'honneur de conclure à ce qu'il vous plaise, Messieurs.

1° Me décerner acte de ma déclaration de persister dans les plaintes criminelles adressées par moi en 1847, tant à vous qu'à la chambre des pairs, contre la cour et le parquet de Rennes, la chambre criminelle de votre compagnie, et les autres complices dénommés plus haut;

2° Me permettre de prendre à partie ladite cour de Rennes, la chambre criminelle de votre compagnie, M. Plougoulm, les présidents des tribunaux de Rennes et de Loudéac, ainsi que le procureur impérial de ce dernier siége, pour les faits spéciaux d'avoir prononcé ou fait exécuter contre lui, la contrainte par corps, hors des cas déterminés par la loi;

3° Me décerner acte de ma plainte en faux et en forfaiture contre les tribunaux de Loudéac et de St-Brieuc, ainsi que contre les témoins Bagot, Hinault et Lerault; déclarer les faits de cette plainte connexes à ceux de mes précédentes plaintes, notamment à celle du 19 mai dernier; et, statuant sur le tout par un même arrêt, ordonner qu'il soit informé de tous les faits de ces diverses plaintes, et que les pièces soient apportées à votre greffe;

4° Avant autrement faire droit sur mon pourvoi contre l'arrêt de la première chambre de la cour de Rennes, en date du 29 août 1842, m'admettre à prouver par tous les moyens autorisés par la loi, même par témoins :

Que l'arrêt d'admission du 4 juin 1844 a été signifié au procureur général de Rennes, dans la personne de M. Victor Foucher, lors avocat général, le 31 août 1844; que l'exploit a été écrit au pied de la grosse de cet arrêt; que cette grosse faisait partie d'un dossier envoyé de Rennes à votre procureur général, le 14 septembre 1844; que ce dossier a été adressé tout entier au ministre de la justice, après l'arrêt de votre chambre criminelle, en date du 7 décembre 1844; que ce ministre l'a envoyé au procureur général de Rennes; qu'il a été enlevé du greffe de la cour de Rennes, où il avait été déposé d'abord, et transporté au parquet de la même cour, pour que le greffier ne pût m'en donner communication; que la restitution m'en a été refusée jusqu'au mois de juin 1847, époque à laquelle il a été remis à Me Dubourdieu, mon avoué à Rennes, qui en a donné un reçu constatant que l'arrêt de la chambre des requêtes, du 4 juin 1844, portant le n° 58, en avait été enlevé.

Paris, le 6 novembre 1853.

DURAND VAUGARON,
Avocat et partie.

Post-scriptum du 17 Novembre.

J'ai annoncé ci-dessus, page 36, en parlant de l'expropriation d'un immeuble à Loudéac, poursuivie par l'avoué Martin, qu'il y aurait vraisemblablement de nouvelles forfaitures dans cette affaire.

Je ne m'étais pas trompé.

Cet immeuble, donné par moi à mes deux filles, le 16 avril 1852, à charge de payer 12,000 francs à valoir à la dot de leur mère, qui a une hypothèque légale à la date du jour de notre mariage, et par conséquent *vendu* plutôt que *donné*, a été adjugé moyennant 8050 francs; parce que mes filles, comme je l'ai dit, pour avoir dans l'adjudication une preuve sans réplique qu'il n'y avait pas fraude entre elles et moi, n'ont pas formé de demande en distraction avant la vente, se réservant de réclamer après, ainsi que le permet la loi.

Mais leur frère, inquiet de ce résultat, a cru devoir surenchérir d'un sixième, conformément au code de procédure.

Sa surenchère a été attaquée par l'avoué Martin, dans la forme et au fond, *mais seulement après réflexion*, comme il sera prouvé en temps utile (1).

Les moyens de forme ont été écartés par le tribunal de Loudéac lui-même, tant ils étaient absurdes; mais, comme il fallait bien trouver moyen de condamner mon fils, à cause de moi, et de me condamner en même temps à perdre 4000 francs ou à les faire perdre à ma femme, le même jugement annule la surenchère de mon fils, en le déclarant insolvable.

C'est un mensonge évident, en ce que mon fils, qui n'a jamais contracté aucune dette, est fondé pour une part plus ou moins forte dans la succession de ma mère, qui a laissé un actif incontestable, puisque sa succession est aujourd'hui liquidée; et qu'il a en outre un avoir assez considérable dans la succession de son grand-père, dont les immeubles seuls valent environ 200,000 francs.

Je sais bien que, pour se tirer de là, le tribunal a imaginé de dire que les charges de cette succession en excèdent l'actif; mais c'est un nouveau mensonge, proclamé par l'état des faits et par les jugements rendus par le même tribunal, en 1832 et 1835, quand j'ai voulu faire vendre les biens de cette succession!

On se rappelle qu'à ces époques le beau-frère du sieur Peslouan n'était pas encore condamné pour dol, et que son système de défense consistait alors à dire qu'il n'y avait pas eu dol, parce que la succession Bourdonnay n'était pas insolvable.

Dans ces deux affaires, bien que le sieur Peslouan se déportât, comme on peut le voir dans ma requête du 20 avril 1843, pages 84 et 94, pour tâcher de démonter le tribunal, on me dé-

---

(1) Voici ma preuve : Martin alla au greffe pour faire une surenchère; mais il n'en fit pas quand il vit celle de mon fils.

bouta de ces demandes, en faisant semblant de croire que la succession Bourdonnay n'était pas insolvable, afin de prêter main forte au beau-frère du sieur Peslouan!

Ce n'est pas tout.

La succession Bourdonnay qui était insolvable en 1832, ne l'est plus en 1853, parce que j'ai acheté les créances depuis 1832, et que j'ai gagné plusieurs procès pour elle; de sorte que, d'après le tribunal de Loudéac, elle serait devenue insolvable depuis 1835, c'est-à-dire depuis que ses dettes sont payées!!!

Il y a plus encore.

C'est que, dans le cas même où on pourrait dire que la succession Bourdonnay est encore insolvable, malgré l'acquisition que j'ai faite de ses dettes, parce qu'il y a eu seulement changement de créanciers, dans cette hypothèse elle-même, mon fils ne serait pas insolvable comme elle...

1° Parce que, ne pouvant acheter de créances contre lui, d'après l'article 450 du code civil, c'est *pour lui* que j'ai acheté, et que c'est LUI, par conséquent, qui a profité des bénéfices;

2° Parce que, par l'acte précité du 16 avril 1852, je lui ai donné, conjointement avec ses frères, la somme avancée par moi pour payer les dettes de son grand-père, et qu'il est ainsi propriétaire d'une créance plus ou moins forte sur la succession.

Dans le cas même où elle serait insolvable, il viendrait ainsi au marc le franc avec ses autres créanciers, et il recevrait un capital quelconque, sans pouvoir être jamais tenu des dettes, puisqu'il est reconnu qu'il n'est qu'héritier bénéficiaire!

L'adversaire, voyant bien l'impossibilité de répondre à ces moyens, a imaginé un guet-à-pens, auquel s'est prêté le président de la quatrième chambre de la cour, qui croyait se tirer d'un grand embarras lui-même.

Martin a fait fixer furtivement la cause au 15 novembre, il n'a fait signifier que le 12 au soir l'ordonnance de fixation, de sorte que mon fils à Perret et moi à Paris nous n'avons pu recevoir l'avis de cette fixation que le 14, c'est-à-dire *un jour trop tard* pour nous rendre à Rennes, ou seulement pour y écrire!!!

Mais j'apprends aujourd'hui que la cour a renvoyé la cause à lundi prochain; de sorte que nous pourrons au moins nous défendre.

A S. Exc. Monseigneur le Garde des Sceaux de France, Ministre de la Justice.

Magistrat destitué en 1830, et en butte à la haine des agents du régime corrompu de Louis-Philippe, je prends aujourd'hui la liberté de m'adresser à votre excellence, pour obtenir justice des énormes attentats judiciaires commis contre moi.

En avril 1843, je fus forcé d'adresser à la cour de cassation la plainte imprimée ci-jointe contre les tribunaux de Pontivy et Loudéac.

Bien qu'elle fût incidente à une affaire dont cette cour était saisie, et que je me fusse constitué partie civile, il n'y fut d'abord donné aucune suite, malgré le texte formel de l'article 486 du code d'instruction criminelle; mais le tribunal de Loudéac, accablé de honte dans la localité, ayant demandé qu'il y fût statué pour me poursuivre, M. Martin, l'un de vos prédécesseurs, ordonna au procureur général de saisir la cour, *en ce qui concernait le tribunal de Loudéac seulement*, non pas pour rendre justice à qui de droit, mais pour qu'on pût me faire condamner pour dénonciation calomnieuse, *sa lettre le dit textuellement*.

M. La Plagne Barris, alors premier avocat général, vendu à l'Orléanisme pour un emploi incompatible avec ses fonctions, imagina, pour assurer le succès du complot, de dénaturer ma plainte dans un écrit qualifié *réquisitoire*, que je ne connus pas dans le temps, et auquel je ne pus répondre; et il obtint de cette manière un arrêt de la chambre criminelle, portant que les faits de ma plainte ne constituaient ni crime ni délit; ce qui impliquait que leur vérité n'était pas contestée par la cour.

Après cet arrêt, qui ne statuait que sur les faits imputés aux tribunaux entiers, la cour de Rennes se saisit à mon insu de ceux imputés par moi aux juges *individuellement*, et, sans aucune vérification quelconque, elle déclara ces faits *faux et absurdes*. V. Exc. en jugera en lisant ma plainte.

Poursuivi ensuite pour dénonciation calomnieuse, je voulus, pour ma défense, prouver la vérité des faits articulés dans mes plaintes; mais la cour de Rennes refusa mes preuves, sous prétexte, évidemment mensonger, qu'il y avait *chose jugée* sur la vérité des faits; en faisant semblant d'oublier l'article 1351 du code Napoléon, qui dit bien clairement qu'il faut que *la chose* demandée soit la *même*, et que la demande soit *contre les mêmes parties*, pour qu'il y ait autorité de la chose jugée.

Condamné à Rennes au maximum des peines prononcées par la loi, le 13 septembre 1845, je me suis pourvu en cassation; mais, après sept mois de réflexions, la chambre criminelle, présidée par le même M. La Plagne Barris, a trouvé moyen, en torturant les faits de mauvaise foi, de rejeter mon pourvoi et ma plainte en forfaiture contre la cour de Rennes, que j'avais cru devoir porter incidemment à ce pourvoi.

Pendant ma détention, je rédigeai la plainte ci-incluse du 17 mai 1847, que j'envoyai à la chambre des pairs, mais elle se déclara incompétente pour y faire droit, le 31 juillet suivant (Voir le Moniteur du 1er août), par des motifs évidemment erronnés.

Le 26 septembre suivant, j'adressai une autre plainte, aussi jointe à la présente, à la chambre civile de la cour de cassation, saisie d'un pourvoi admis par la chambre des requêtes, dès le 4 juin 1844; mais il n'y a été donné aucune suite, malgré la gravité des faits y contenus.

Tandis qu'on m'a laissé en paix, je suis resté dans l'inaction, oubliant toutes les iniquités dont j'ai été victime; mais le tribunal de Loudéac et celui de St-Brieuc ayant recommencé cette année leurs attentats contre ma liberté, je me suis vu forcé de demander qu'il fût donné suite à mes plaintes.

M. le procureur général près la cour de cassation a déposé au greffe une plainte en faux, à lui adressée par moi le 12 mai dernier, incidemment à un pourvoi correctionnel contre un jugement du tribunal de St-Brieuc; mais la cour de cassation ne s'est pas occupée de cette plainte!

Je lui ai envoyé en outre, le 19 du même mois, un résumé sur timbre de ma plainte du 26 septembre 1847, et, si je suis bien informé, il refuse même de l'y déposer, et le greffier refuse de la recevoir d'un avocat, si je ne consigne pas une seconde amende de 165 francs, que la loi n'exige pas, puisque cette plainte est incidente à un pourvoi civil, pour lequel une amende a été consignée par moi depuis longtemps, et incidente aussi à mes pourvois criminels.

Enfin, je vais déposer une dernière plainte, incidemment à ces deux pourvois correctionnels dont la chambre est saisie; mais je crains bien, d'après tout ce qui précède, qu'il n'y soit pas statué encore.

Dans cet état, je viens vous supplier de vouloir bien ordonner à M. le procureur général près la cour de cassation de faire statuer sur mes plaintes, non pas, comme en 1843, pour me condamner, mais pour rendre justice à qui de droit, car le gouvernement est assez fort pour être juste, et sa justice contre les magistrats corrompus ajoutera encore à sa force, dans les circonstances où se trouve aujourd'hui la France!

Je joins à la présente copie de cette dernière plainte, pour que vous puissiez juger de sa gravité.

Je ne l'ai pas fait imprimer encore, parce que je ne veux que justice et ne cherche pas le scandale.

Ma révocation en 1830 prouve à suffire que je suis un ennemi de l'anarchie et des doctrines révolutionnaires; mais, si V. Exc. veut bien se faire représenter mon dossier comme magistrat, je suis convaincu qu'elle y verra des notes favorables *avant* 1830.

Une dernière preuve au surplus de mon désir de ne pas causer de scandale, et de ne pas chercher à occasionner des embarras au gouvernement, c'est que je suis prêt à renoncer à toutes mes plaintes, et même à abandonner la localité, si S. M. veut bien me faire remise des peines criminelles prononcées contre moi par le tribunal de St-Brieuc, les 22 avril et 8 juillet derniers.

Cette grâce, que je demande, ne serait qu'une justice très incomplète, attendu que je n'ai pas commis les délits qu'on m'impute, et que je suis victime de faux témoignages commis pour plaire aux tribunaux de Loudéac et St-Brieuc, et que ces tribunaux ont fait semblant de croire vrais, en usant de ruse pour m'empêcher de les détruire.

Il est impossible de discuter ici tous les faits; mais je vous conjure de lire ma plainte manuscrite, et de vous faire représenter les dossiers. Je supplie même V. Exc., si elle entend accueillir ma demande, d'ordonner à M. le procureur général près la cour de cassation, de requérir qu'il soit tardé à statuer sur mes pourvois jusqu'à ce que vous n'ayez statué vous-même sur la présente, attendu que, d'après l'article 486 du code d'instruction criminelle précité, il faut que mes plaintes soient jugées *avec mes pourvois*.

Je dois ajouter aux moyens ci-dessus que j'ai six enfants, et que ma présence est absolument nécessaire à Rennes, pour empêcher qu'on ne leur enlève les derniers débris de ma fortune.

Si j'étais emprisonné pendant quatre mois, on en abuserait cruellement contre eux, en nous jugeant sans défense.

Je suis avec respect,

Paris, 25 août 1853.

P. S. Je n'ai pu prendre copie de mes deux plaintes des 12 et 17 mai dernier; mais les faits de ces plaintes sont compris dans l'écrit ci-joint, daté du 24 août courant.

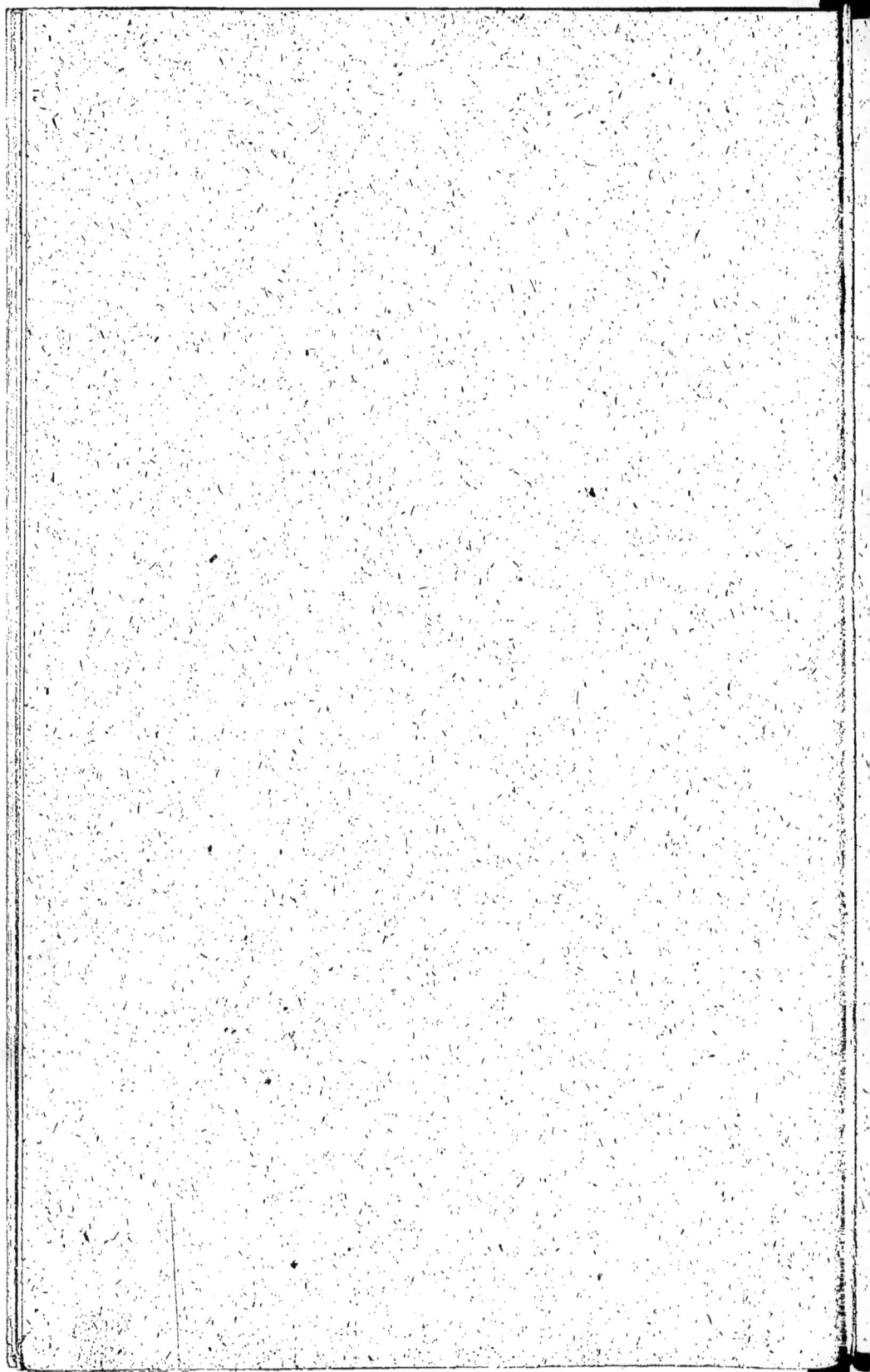

NOTICE

DESCRIPTIVE ET MÉDICALE

SUR LES EAUX THERMALES

ET SUR LES

EAUX FERRUGINEUSES
D'ALET,

PRÈS LIMOUX (AUDE).

I.

Notice descriptive.

En sortant de Limoux et en remontant la rivière d'Aude, par la route impériale de première classe qui conduit à Perpignan, on se trouve enfermé entre deux montagnes très-élevées, les premiers contreforts des Pyrénées; puis, la vallée s'agrandit, et l'on aperçoit successivement les restes d'un pont romain et les ruines d'anciens monuments, temple romain, abbaye, évêché, enfin la petite ville d'Alet avec son nouveau pont et ses antiques fortifications.

« Alet, sur la rivière d'Aude (1), est une petite ville, » dans un vallon resserré entre des montagnes qu'on appelle » les *gorges d'Alet*. Ce vallon est le jardin du département » de l'Aude. Les fruits qu'on y recueille sont très-estimés et » très-recherchés. Cette commune renferme des bains, qui, » indépendamment des remèdes qu'ils offrent contre plusieurs » maladies, sont une occasion de délassement et de parties de » plaisir.

---

(1) *Statistique du département de l'Aude*, par M. le préfet baron Trouvé, qui, pendant la longue période de son administration, allait souvent chercher le repos et la santé à Alet.

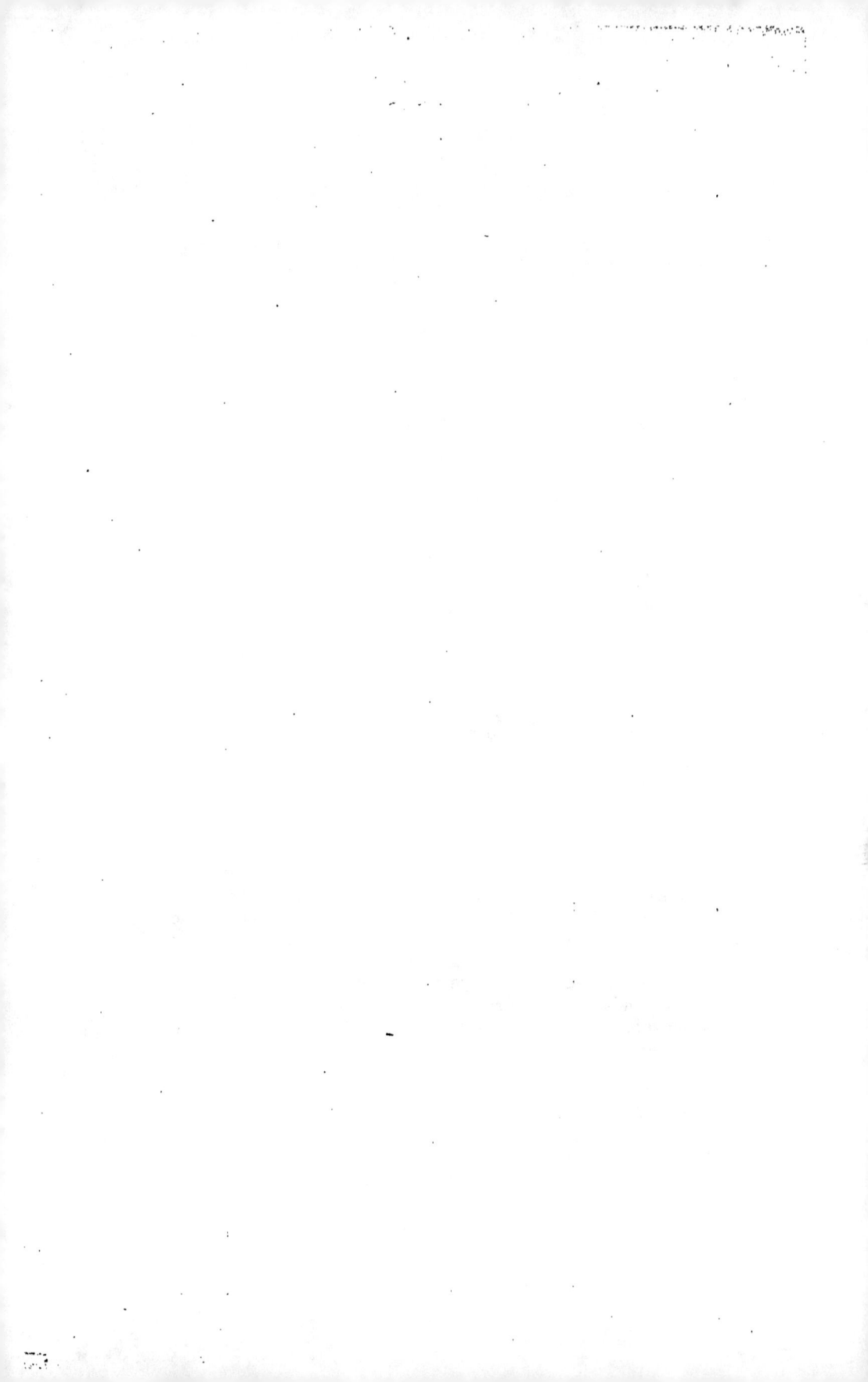

II.

Aperçu médical.

Les eaux thermales d'Alet ont une température de 28° centigrades aux sources des piscines. L'analyse donne, pour un litre d'eau, les résultats suivants :

	gr.
Acide sulfurique	0,020
Acide chlorhydrique	0,031
Acide carbonique	0,059
Acide phosphorique	0,082
Alumine	0,011
Chaux	0,101
Magnésie	0,026
Soude	0,071
Potasse	traces.
	0,401

La source ferrugineuse est froide ; elle donne à l'analyse, pour un litre d'eau,

	gr.
Acide sulfurique	0,020
Acide chlorhydrique	traces.
Acide carbonique	0,015
Acide phosphorique	0,050
Peroxyde de fer	0,025
Chaux	0,045
Magnésie	0,020
Soude	0,025
Potasse	traces.
	0.200

Ces analyses ont été faites à l'école Impériale des mines. D'habiles chimistes de l'Académie de médecine opèrent sur ces eaux au point de vue de la thérapeutique. En attendant le résultat de leurs expériences, nous raisonnons sur les principes qui nous sont révélés par M. Rivot, de l'Ecole des mines.

La minéralité et la thermalité des eaux d'Alet permettent

de les ranger dans la classe des eaux *salines thermales* en compagnie des plus célèbres, telles que celles d'Ussat, Bourbonne-les-Bains, Wiesbaden, Baden-Baden, Balarue, Luxeuil, Bade (Suisse), Bagnères de Bigorre, Saint-Amand (Nord), Chaudesaigues, Bains, Bagnols, etc., etc.

La source de Saint-Amand (Nord) offre, comme celle d'Alet; 28° centigrades; à Chaudesaigues, le thermomètre monte jusqu'à 88°, la plus haute température connue, tandis qu'à Niederbrown (salines froides), il s'arrête à 17°.

Les quantités de sulfate de magnésie, contenues dans les eaux d'Ussat et d'Alet, sont presque identiques.

C'est, du reste, pour obéir aux habitudes de classification que je fais entrer les eaux d'Alet dans ce groupe, car, en dehors des propriétés afférentes aux eaux salines thermales, elles ont, comme nous le prouverons plus tard dans une série d'observations, un caractère particulier, un cachet à part, un mode d'action qui leur est tout-à-fait spécial.

Quelques auteurs divisent très-arbitrairement les eaux salines en *altérantes* et *purgatives*. Il en est très-peu qui possèdent exclusivement l'une ou l'autre de ces deux qualités, qui le plus souvent se trouvent réunies et se font, en agissant, un mutuel contrepoids.

Les gaz abondants qui se dégagent des eaux thermales d'Alet n'ont pas encore été analysés ; mais ils sont sans doute analogues à ceux que M. Ballard a reconnus dans une source voisine,

Soit pour 1,000 centimètres cubes d'eau,

Acide carbonique	108
Oxigène	2
Azote	20
	130

La présence de l'azote dans l'eau d'Alet indiquerait, suivant la théorie de M. Braconnet, le voisinage du peroxyde de fer ; en effet, à un kilomètre de là s'échappe, d'entre les fissures d'une roche, un précieux filet d'eau, ayant une température de 15 à 17° et renfermant du peroxyde de fer.

On s'étonne, en général, de l'action énergique produite par les quantités minimes de minéraux contenus dans les eaux médicamenteuses ; mais l'action d'un médicament ne résulte pas toujours uniquement de la *dose* plus ou moins forte à laquelle il a été administré ; il résulte très-souvent de son état moléculaire. Si les sels purgatifs, contenus dans plusieurs verres d'eau d'Alet, étaient administrés isolément et en bloc, leur effet serait nul, mais ils acquièrent une irrésistible puissance étant en dissolution complète dans un liquide, car leurs points de contact, avec l'économie, sont multipliés à l'infini, soit qu'on use de ce liquide en boisson, soit qu'on l'emploie en bains. L'art pharmaceutique, la chimie n'ont pu encore atteindre cette perfection de dissolution, et nous ignorons en vertu de quelles lois elle a lieu dans les officines de la nature, depuis que Berzélieus a combattu et détruit la théorie d'après laquelle on admettait que les eaux minérales empruntaient leurs principes minéralisateurs aux substances solubles rencontrées dans les terrains qu'elles traversaient avant de sourdre au dehors.

Berzélieus n'a pas remplacé cette théorie par une nouvelle.

Laplace rapporte la thermalité des eaux à l'existence du *feu central* du globe, car les sources peuvent venir d'une grande profondeur, et il est prouvé qu'à partir de 28 mètres, la chaleur s'accroît régulièrement d'un degré par 30 mètres. Cette idée est généralement admise.

J'ai l'espoir que les mystères de la minéralisation et de la thermalité des eaux ne tarderont pas à être dévoilés et que l'on reconnaîtra peut-être que l'électricité du globe y joue le principal rôle.

Les eaux d'Alet peuvent être administrées sous toutes les formes, suivant les prescriptions des médecins. Les principes qu'elles contiennent agissent d'une manière énergique sur les malades. « Les analyses chimiques, écrivait un célèbre » praticien de Paris, attestent que les eaux d'Alet ont un degré » d'activité et d'énergie incontestable, qui peut devenir fort » utile, entre des mains habiles, dans un grand nombre d'af- » fections morbides. La présence du fer dans quelques-unes » des sources étend davantage encore le champ des appli- » cations. »

Déjà M. le Dr Molinier, de Limoux, qui a constaté l'effet produit par ces eaux sur ses nombreux malades, avait dit :

« D'après l'opinion unanime des médecins et les résultats » constatés, elles guérissent toutes les maladies de la peau, » les plaies, les fistules, certaines affections chroniques que » laissent après elles les maladies syphilitiques. Elles sont » spécialement propres à détruire certains désordres du sys- » tème nerveux. Elles conviennent dans les maladies de la » matrice, dans les menstruations irrégulières et dans les va- » peurs histériques. On les conseille avec succès dans les spas- » mes convulsifs, dans les rhumatismes qui revêtent le masque » des névralgies, dans la rétention d'urine, la gravelle, etc.

» Ainsi, ces eaux ont une large part dans la guérison des ma-
» ladies. Elles ont constamment triomphé de celles de la peau,
» qui sont si nombreuses, et, sous ce rapport, on peut dire
» qu'elles n'ont pas de rivales dans cette partie de la France. »

Nous n'avons presque rien à ajouter à ces paroles de notre
savant confrère ; seulement nous insisterons sur les propriétés
éminemment *sédatives* des eaux d'Alet, propriétés qui les rendent précieuses pour dompter tous les genres de l'*excitation
nerveuse.*

Nous ferons remarquer aussi que, prises en boisson, leur
passage est facile, et qu'elles provoquent des évacuations
sans irriter la muqueuse intestinale, irritation très-souvent
consécutive à l'emploi de certaines eaux salines qui jouissent
d'une très-haute réputation.

Leur action sur les reins est prompte, — l'effet diurétique
se produit après quelques verres d'eau et augmente dans le
bain ; puis, les douleurs néphrétiques disparaissent peu à peu,
et la vessie ne tarde pas à se débarrasser des graviers qui auraient pu s'y amasser.

Ceux qui souffrent de la suppression du flux hémorrhoïdal
trouveront là un soulagement certain. Si l'étendue de cette
notice le permettait, nous expliquerions ici comment, sous
l'influence des eaux d'Alet, les bourrelets hémorrhoïdaux se
tuméfient rapidement et se dégorgent ensuite sans difficulté.

Les personnes qui ont une vie sédentaire pourront aussi se
préserver des congestions cérébrales.

On croit dans le monde que les eaux sulfureuses thermales
sont les seules eaux susceptibles de procurer la guérison des
rhumatismes. C'est une erreur. Les eaux salines ont aussi
cette puissance et au plus haut degré. Aux sulfureuses appartient la *médication par crises, par révulsion, par dérivation ;*
aux salines, à celles d'Alet surtout, reconnaissons une *médication tempérante, altérante, sans secousses, sans violences,
et arrivant au but rapidement, quoique graduellement.*

Quelques médecins vont plus loin. (J'indique leurs idées
sans les partager entièrement.) Ils admettent que la guérison
d'un rhumatisme par les eaux salines est plus durable, plus
certaine, plus complète que celle obtenue avec les eaux sulfureuses. L'un d'eux (M. Lemonnier), en donne pour raison que
les eaux sulfureuses relâchent les tissus et les rendent plus
accessibles aux influences extérieures, tandis que, grâce au
sulfate de chaux qu'elles renferment, les eaux salines resser-
rent les tissus et font qu'ils sont moins impressionables, moins
perméables.

Le malade, soumis au traitement des eaux minérales thermales, devrait toujours avoir la possibilité de boire en même temps à une source ferrugineuse (sauf les cas où, d'après le médecin, il y a indication contraire.) L'épuisement général de l'économie accompagne ou suit toujours les longues souffrances ; il faut alors reconstituer le sang et introduire dans le torrent circulatoire les éléments que la maladie en a éliminés. Combien d'établissements voudraient posséder les gouttes d'eau ferrugineuse qu'on recueille non loin des sources salines d'Alet ! Rien ne manquerait à Barèges, si la source de Visos n'en était pas si éloignée. Tarissez la source d'Angoulême, sur le mont Olivet, et Bagnères de Bigorre déchoira de sa splendeur, et Bagnères de Luchon ne serait jamais devenue ce qu'elle est aujourd'hui si M. l'ingénieur François n'avait découvert, après bien des travaux, et à quelques pas seulement du grand établissement, l'émergence d'une source martiale.

Les eaux de Rennes, à 12 kilomètres d'Alet, sont aussi ferrugineuses, mais ferrugineuses *acidules* et thermales, et, comme les eaux sulfureuses, elles agissent, pour la guérison, par *crises*, par *révulsions*, tandis qu'à Alet la source martiale est complètement indépendante de la source saline, et qu'il y est permis de faire suivre aux malades une médication *altérante, tempérante*, en leur administrant parallèlement le *reconstituant* sans rival, le fer.

Plusieurs médecins de la contrée conseillent souvent aux malades de se préparer, à l'usage des eaux de Rennes, en employant préalablement celles d'Alet, principalement en bains ; ou, quand l'économie a été trop impressionnée à Rennes, de venir à Alet achever la guérison.

Pourquoi les quelques milligrammes de fer contenus dans un verre d'eau d'Alet, puisé à la source et bu immédiatement, produisent-ils plus d'effet qu'un double décalitre de pillules de sous-carbonate de fer préparées par le plus habile pharmacien ? Comme je l'ai dit plus haut, cela tient à l'état moléculaire du fer et à son état complet de dissolution, double motif pour qu'il puisse agir à la fois sur tous les points de la muqueuse stomacale.

Aux personnes lymphatiques, anémiques, sujettes à constitutions molle, à teint blafard, à faiblesse persistante, à circulation froide, pour ainsi dire, à membres œdemateux, à celles qui n'ont pas la force de respirer assez copieusement pour que l'hématose ait lieu, nous conseillerons de boire de l'eau ferrugineuse. On peut aussi en prescrire l'usage aux hydropiques, aux habitants des lieux humides, mal aérés, mal éclairés, à ceux qui sont en proie à des fièvres intermittantes invétérées et dont la rate a atteint un développement monstrueux, à ceux auxquels l'alimentation la plus saine ne profite pas, neutralisée qu'elle est par une diarrhée chronique et rebelle.

C'est surtout dans le traitement des maladies des femmes que l'eau martiale fait merveille ; elle rend la santé à celles qu'ont épuisées de trop grandes pertes de sang, et les couleurs de la santé à celles qui ont pâli par la suppression des mentrues, à celles aussi qui les attendent au début.

La leucorrhée, la dysmenorrhée, l'aménorrhée, la chlorose, la prédisposition aux avortements, et même, dit-on, *la stérilité* disparaissent avec son emploi.

La vie des baigneurs doit être réglée. L'ordre y est plus que jamais nécessaire, et il faut suivre minutieusement le programme du médecin qui trace l'emploi des heures ; les bains, les boissons, les repas, les promenades, les plaisirs, la veille, le sommeil, tout doit y être mesuré. Oubliez votre vie passée, plus d'émotions vives, plus de passions ; « n'apportez avec vous aux eaux, » comme dit le professeur Trousseau, « ni le souci des affaires, ni la fatigue des devoirs sociaux, » ni les embarras de la vie domestique ; on y vit pour soi, » d'une vie toute nouvelle, toute matérielle, de cette vie peu » intellectuelle qui convient si bien à la santé ! »

III.

Observations sur la température de l'eau thermale.

Quelques malades se baignent dans l'eau telle qu'elle sort de la source, c'est-à-dire à 28° centigrades. Ils la trouvent d'abord un peu froide, mais, après quelques minutes, la température basse du bain s'équilibre avec celle du corps, car, par un phénomène inexpliqué, ou peut être oublié par la plupart des auteurs, l'action permanente du calorique latent de l'eau thermale, calorique qui ne diminue que lentement, tend rapidement à se mettre en harmonie avec le calorique du corps humain immergé, tandis que l'eau ordinaire artificiellement échauffée se refroidit promptement.

D'autres malades, le plus grand nombre, désirent qu'on ajoute quelques degrés de chaleur à la température du bain.

Ceci nous amène à combattre ce préjugé, admis sans examen, d'après lequel l'eau échauffée artificiellement perd de son efficacité.

« Vous me demandez, écrivait M. Balard à M. le Dr Bon» nafous, si l'eau de Campagne (eau thermale de 22° R.) peut » être chauffée sans altération. La chose n'est pas douteuse. » Cette eau n'éprouve pas le plus léger changement de nature » en passant de 22 à 30° Réaumur ; et, amenée artificielle» ment à ce dernier degré, elle doit produire absolument le » même effet que si elle arrivait du sein de la terre avec cette » température.

» Vous savez que les expériences qui ont été tentées dans » ces derniers temps, sur cette matière, ont fait justice de » tous les préjugés, et prouvé que les eaux minérales échauf» fées artificiellement se comportent absolument comme les » eaux minérales imprégnées de leur chaleur naturelle. C'est » là une de ces questions sur lesquelles il n'existe plus aujour» d'hui le plus petit doute dans l'esprit de ceux qui cultivent » les sciences.

» Ce serait une erreur très-grave de croire que les eaux
» thermales, qui ont 40 ou 50° de température, peuvent être
» immédiatement administrées en boissons ou en bains. Il est
» indispensable de leur faire subir, dans ce cas, une réfrigé-
» ration qui les amène à la température ordinaire des bains ;
» et je pourrais même vous citer beaucoup de cas dans les-
» quels cette température trop haute est un inconvénient,
» car, pendant que s'effectue le refroidissement qu'elle rend
» nécessaire, beaucoup d'eaux éprouvent des altérations plus
» profondes que celle que pourrait amener leur caléfaction
» artificielle. »

Et, à ces observations, M. le Dr Bonafous ajoute :

« Le public et un petit nombre de nos confrères semblent
penser qu'en élevant la température des eaux thermales, de
5 ou 6°, on détruit ou on neutralise leurs principes minéralisateurs ; mais ceux qui raisonnent et qui appuient leurs rai-
sonnements sur les connaissances chimiques les plus positives,
savent qu'en élevant ainsi la température de l'eau minérale,
on ne lui enlève point ses principes fixes ; que quelques degrés de caléfaction artificielle ne sont nullement capables de
faire envoler les principes qui restent liés avec elle, et que
les principes alcalins, salins, ferrugineux restent toujours les
mêmes. MM. Nicolas, dans sa *Dissertation sur les eaux minérales de la Lorraine*, Longchamp, chargé de l'inspection gé-
nérale des eaux minérales de France, dans ses expériences
de 1823 sur les eaux de Bourbonne-les-Bains, Gendrin et Jac-
quot, et plus récemment Anglada, ont fait justice des préjugés que nous combattons.

« Il existe, en France, un grand nombre d'établissements
thermaux où l'on ajoute quelques degrés de plus à la température ordinaire. Nous n'en citerons qu'un, celui de Saint-Sau-
veur. En parlant de cet établissement, un des plus savants
médecins de la capitale, M. le professeur Alibert, médecin
en chef de l'hôpital St-Louis, dit, dans son *Précis des eaux
minérales*, que c'est une erreur due à un préjugé fâcheux que
d'attribuer, en général, peu d'importance à des eaux dont la
température n'est pas très-élevée. Le même auteur, en don-
nant le mode d'administration des eaux d'Andabre, s'exprime
ainsi : « En 1814, pour la première fois, on les a employées
comme bains, et ce premier essai a eu d'heureux résultats ;
mais il faut avoir recours à l'art pour les chauffer, ce qui
peut s'effectuer sans altérer en aucune manière leurs ver-
tus. »

Ainsi s'écroulent, dit le célèbre Anglada, devant le langage d'une expérience sévère, des erreurs que 'le préjugé avait fait éclore, et que cet aveugle entraînement, avec lequel les auteurs se copient les uns les autres, avait surtout contribué à propager jusqu'à nous et à répandre de tous côtés dans les ouvrages classiques de notre époque.

P. Félix **MAYNARD,** Dʳ-M.

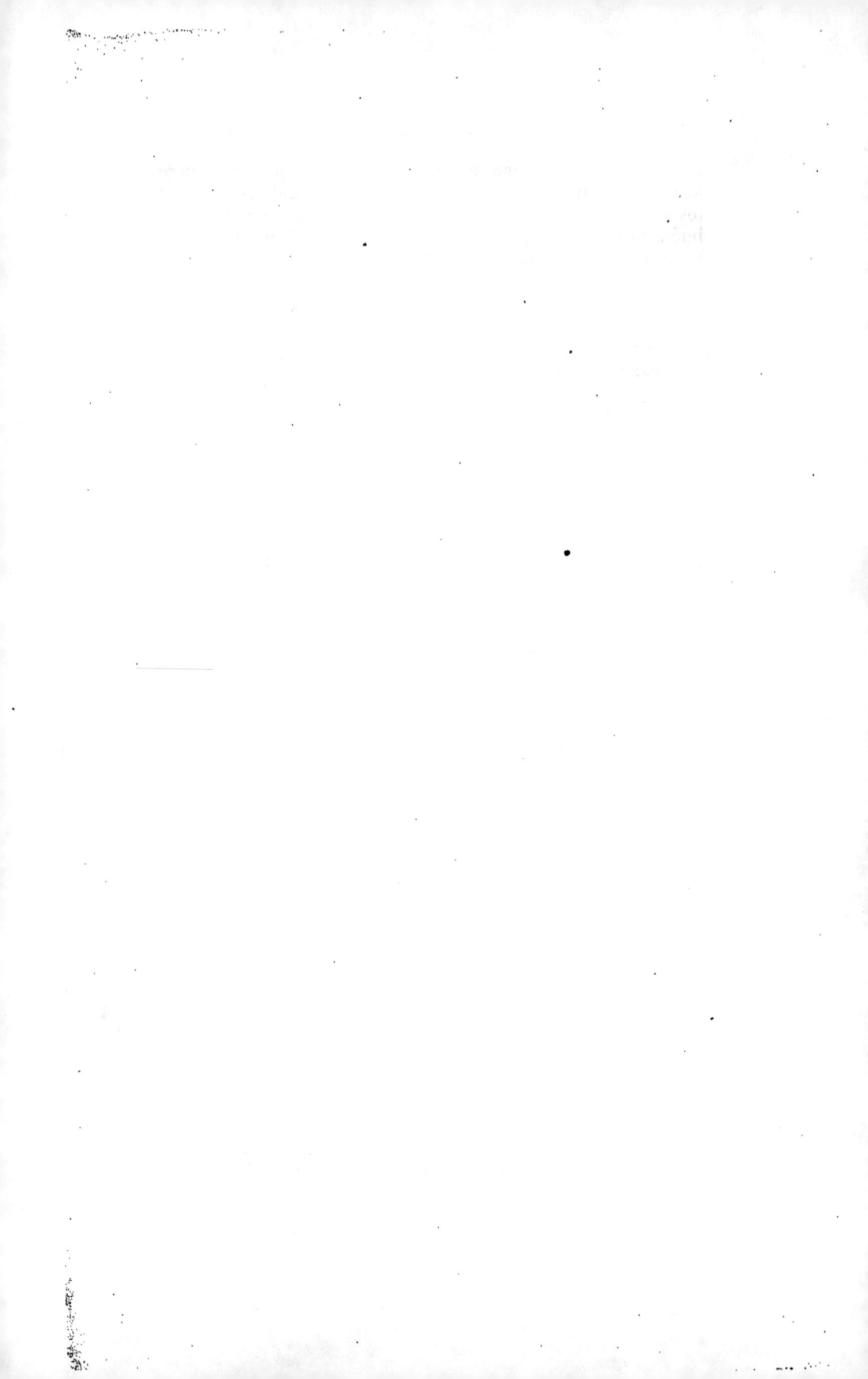